Anne Posthoff

Französische
Bulldogge

Auswahl, Haltung, Erziehung, Beschäftigung

KOSMOS

Inhalt

Ursprünglich ein gefährlicher Bullenbeißer, hat sich die Französische Bulldogge zum liebenswerten, anpassungsfähigen Familienhund und charmanten Clown gewandelt. Mit maximal vierzehn Kilogramm ist sie ein handlicher, kompakter Hund, in die Handtasche passt sie allerdings nicht. Französische Bulldoggen, von ihren Fans liebevoll auch Bullys genannt, gibt es in drei Farben mit sehr vielen Varianten. Sie sind also im wahrsten Sinne des Wortes „bunte Hunde".

Das Altertum

Wahrscheinlich brachten die reisefreudigen Phönizier den sog. asiatischen Molosser mit nach England. Allerdings gibt es Quellen, die berichten, dass Hunde des gleichen Typs bereits auf der Insel heimisch waren. Die Französische Bulldogge stammt von den asiatischen Molossern ab, ob sie allerdings ein Importprodukt der Phönizier ist oder aber auf anderem Weg nach England gekommen ist, ist umstritten.

Schecke ist eine der beiden ursprünglichen Bully-Farben.

Der asiatische Molosser ist eine ungeheuer alte domestizierte Hunderasse, die bereits vom Geschichtsschreiber Gratius Faliscus 95 v. Chr. erwähnt wird. Abbildungen aus babylonischer Zeit, ca. 950 v. Chr., stellen Molosserhunde an der Leine dar. Noch ältere Wandmalereien aus Ägypten bilden doggenähnliche Hunde mit Dienern ab. Daraus lässt sich schließen, dass ein Götterkult um die kämpferischen doggenartigen Hunde mit den kurzen, breiten Schnauzen nicht ganz unwahrscheinlich ist.

In Rom, dem Mekka der blutigen Spiele, genossen die doggenartigen Hunde, die nie beim Kampf abließen, ein hohes Ansehen. Die doggenartigen Hunde in Rom vor Julius Caesars Zeiten stammen wahrscheinlich von den asiatischen Molossern der Phönizier ab. Das sollte sich mit Julius Caesar allerdings ändern. Die englische Insel war vor den Eroberungsfeldzügen Julius Caesars in Rom völlig unbekannt. Da Caesar offensichtlich Gefallen an den englischen Molosserhunden gefunden hatte, wurde sogar ein höherer Offizier nach England gesandt, der Prokurator Cynogie. Dieser Prokurator war sozusagen als Importeur für Molosserhunde in Winchester stationiert und suchte die besten englischen Hunde für die römischen Kampfarenen aus. Innerhalb kurzer Zeit war England der Hauptexporteur für Kampfhunde nach Italien und Spanien geworden. Durch Völkerwanderungen, Eroberungsfeldzüge und Reisen verbreitete sich der sog. Englische Pugnac in ganz Europa.

Der spröde Freund. Holzstich, 1895

Das Mittelalter

Im Mittelalter ging der Einfluss der Römer auf die Entwicklung der Kampfhunde verloren, der gegenseitige Hundeaustausch und -handel wandelte sich, zwar waren Bären- und Bullenkämpfe durchaus noch verbreitet, aber nicht mehr so populär wie im Römischen Reich.

Der Englische Pugnac wurde Alan genannt, der Hundetyp blieb aber der gleiche. Der Name Alan bezeichnete den kontinentalen Molosser keltischen Ursprungs.

Die Renaissance

Sie bringt uns auf die Spur der Französischen Bulldogge. Edmond von Langlay, Herzog von York, verfasste um 1400 eine Abhandlung über die Jagd: *The Mayster of Game*. Hier beschreibt er die verschiedenen Alan oder Alouentz Hunderassen:

Der „edle Alan"

Der „edle Alan" ist ein windhundartiger Hund, der einen kurzen, dicken Kopf, aber einen schlanken Körper hat. Er wird zur Jagd verwendet und beißt sich in seiner Beute fest.

Der Alouentz

Der Alouentz hat einen dicken Kopf, schwere Lefzen und fleischige Ohren. Er wird zum Bullenhetzen oder zur Wildschweinjagd verwendet, aber auch zum Einfangen entlaufener Rinder.

Der Alauentz of ye Bocherie

Der dritte schließlich, der Alauentz of ye Bocherie, ist ein Fleischerhund, der vor allem bei der Bullenhatz eingesetzt wird. Er hat einen großen, kurzen Kopf, kommt in verschiedenen Fellfarben vor und hat kurze Haare.

In einem englischen Wörterbuch von 1632 wird erwähnt, dass der Fleischeralan dem Mastiff ähnlich sieht und den Metzgern dazu dient, die Rinder in den Stallungen zusammenzutreiben. Um 1500 taucht zum ersten Mal der Name Bonddogge oder Boldogge auf. Lange Zeit wird der Name Alan und Bondogge parallel für ein und denselben Hundetyp verwendet. Der Name Bulldogge tritt erst im 17. Jahrhundert in Erscheinung.

Links: Französische Bulldoggen mit Fledermaus- und Rosenohren, England 1892

Rechts: Die Burgos-Dogge, spanische Bronzeplakette 1625

Die Französische Bulldogge hat ihre Wurzeln in England. Heute ist sie ein liebenswerter Familienhund.

Bulldoggen, wie auch immer sie genannt wurden, wurden vor allem in England lange und relativ zielgerichtet gezüchtet. Aus Briefen und Bestellungen von Spaniern an englische Züchter wissen wir, dass bereits um 1630 zwischen Bulldoggen und Mastiffs unterschieden wurde. So bestellte ein gewisser Prestwick Eaton aus San Sebastian in Spanien „a good mastiff and two good bulldogs" bei George Willingham in London.

Neuere Geschichte

Ein Engländer mit blutiger Vergangenheit

Der kleine Franzose ist also in Wahrheit ein Engländer mit einer blutrünstigen Vergangenheit. Ursprünglich wurden Bulldoggen in England für das „bullbaiting", d. h. Bullenkämpfe, gezüchtet. Diese Hunde waren aufgrund ihrer Anatomie dazu prädestiniert, sich im Bullen festzubeißen und ihn zu Tode zu beißen. Durch die zurückversetzte Nase und den aufgebogenen Unterkiefer konnten sich die Hunde festbeißen und trotzdem frei atmen. In den Gesichtsfalten floss das Blut des gehetzten Bullen ab und nahm den Hunden nicht die Sicht. Diese Bullenkämpfe waren in England sehr beliebt, allerdings wurden 1802 die Bullen- und auch Bärenkämpfe vom Parlament verboten. Tatsächlich kamen sie aber erst um 1840 zum Erliegen. Im Stillen wurden aber weiter Bulldoggen für Hundekämpfe gezüchtet, allerdings hatte der Adel das Interesse an dieser Hunderasse verloren, die Bulldogge war ein Hund des kleinen Mannes geworden.

Vom Bullenbeißer zum Hundekampf

Nachdem die Bullenkämpfe verboten waren, hetzte man die Hunde eben bei Hundekämpfen aufeinander, um auf Sieg oder Niederlage zu wetten. Das Wetten auf alle möglichen Ereignisse ist ja auch heute noch ein beliebtes Freizeitvergnügen in England. Relativ ungezielt wurden Terrier eingekreuzt, um die Aggressivität der Hunde noch zu steigern. 1858 wurden dann schließlich vom englischen Parlament auch die Hundekämpfe verboten und die Rasse schien dem Untergang geweiht. Parallel zu dieser Entwicklung wurden aber die kleineren Bulldogen mit anderen Rassen wie Möpsen gekreuzt und der sog. Toy Bulldog entstand. Dieser war in England zwischen 1870 und der Jahrhundertwende sehr beliebt, um dann in England wieder von der Bildfläche zu verschwinden.

Einmal Frankreich und zurück

Im Zuge der Wirtschaftskrise von 1848 bis 1860 herrschte in England Rezession und vor allem englische Spitzenklöppler wanderten aus wirtschaft-

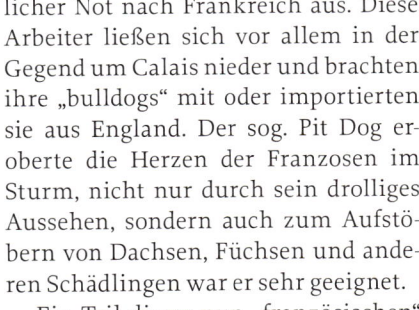

licher Not nach Frankreich aus. Diese Arbeiter ließen sich vor allem in der Gegend um Calais nieder und brachten ihre „bulldogs" mit oder importierten sie aus England. Der sog. Pit Dog eroberte die Herzen der Franzosen im Sturm, nicht nur durch sein drolliges Aussehen, sondern auch zum Aufstöbern von Dachsen, Füchsen und anderen Schädlingen war er sehr geeignet.

Ein Teil dieser nun „französischen" Hunde fand ihren Weg zurück nach England und wurde dort wieder mit dem Toy Bulldog gekreuzt.

1836, mit der Gründung des Englischen Kennel Klubs, wurden die ersten Toy-Bulldog- oder Pit-Dog-Exemplare in England auf Ausstellungen gezeigt.

Es gab also offensichtlich in England und Frankreich eine parallele Entwicklung, die zur Entstehung der Rasse Französische Bulldogge führte. Eine Zeit lang wetteiferte man, wer nun wohl das Urheberrecht dieser Rasse für sich beanspruchen konnte, wurden doch Toy Bulldogs auf dem Kontinent

und auf der Insel gezüchtet, ausgestellt und verkauft und eroberten sowohl in Frankreich wie in England einen großen Liebhaberkreis.

Das „Rennen" machten schließlich die Franzosen. 1898 wurde der französische Standard anerkannt. 1903 fand die erste Ausstellung von „French Bulldogs" statt, bei der immerhin 51 Tiere gezeigt wurden. 1904 erkannte der Englische Kennel Klub schließlich diese neuen „französischen Ungeheuer" als Rasse an, unter dem Namen Bouledogue français.

Die ersten Züchter und Zuchtlinien

Wer waren nun die ersten Bully-Züchter in Frankreich? Wie bereits erwähnt, war der Bully ja ein Hund der einfachen Leute und Arbeiter und aus diesen Berufskreisen rekrutierten sich auch die ersten Bulldoggen-Züchter in Frankreich.

1880 gründeten 47 Personen den ersten „Bulldoggen-Zuchtverein" und trafen sich ab 1885 regelmäßig auf Hundemärkten oder im Kaffehaus und brachten ihre „Terrier Boules" mit.

Früher trug der schicke Bully ein Dachshaar-Halsband.

Hunde mit Fledermaus- und Rosenohren, Wien Jahrhundertwende

Nachwuchs aus dem
Zwinger v. Leesdorf,
Jahrhundertwende

Die ersten Bulldoggen-Züchter gehörten keinesfalls zu den gehobenen Kreisen, es waren Hundehändler, Laufburschen, Kutscher, Träger, Angestellte, Wäscher und Flickschuster. Unter den ersten Mitgliedern dieser Bulldoggen-Liebhaber befand sich auch eine gewisse Madame Palmyre, deren Französische Bulldogge „Bouboule" durch verschiedene Zeichnungen von Henry de Toulouse-Lautrec sehr bekannt wurde. Madame Palmyre betrieb ein „Etablissement" in dem Toulouse-Lautrec häufig verkehrte.

Zunächst waren die Terrier Boules noch recht unterschiedlich, was Aussehen und Größe betraf. Auch das besondere Charakteristikum des kleinen Franzosen, die Fledermausohren, war noch nicht bei allen Terrier Boules ausgeprägt. Anfänglich kamen Hunde mit Fledermausohren und Hunde mit sog. Rosenohren (Fledermausohr mit nach vorn gekippter Ohrspitze wie bei den Terriern) parallel vor. Zunächst gab es bei Ausstellungen zwei Klassen, eine für Hunde mit Stehohren und eine für Hunde mit Rosenohren. Später wurde dann aber das Fledermausohr als charakteristisches Rassekennzeichen festgeschrieben und in den Rassestandard von 1898 aufgenommen. Dabei ist es bis heute geblieben.

Deutsche Geschichte

Die deutsche Geschichte der kleinen Bulldoggen begann eigentlich wieder blutrünstig, und zwar im Zuge des Deutsch-Französischen Krieges 1870/ 71. Ein gewisser Max Hartenstein hielt sich während der deutschen Belagerung in Paris auf und ihm fielen die drolligen Hunde mit den Fledermausohren auf. Max Hartenstein war Hundeliebhaber und besaß um die Jahrhundertwende eine große Zwingeranlage in Plauen. Auch von vielen anderen Rassen war er Erstimporteur, so brachte er beispielsweise den West Highland White Terrier aus England mit, um ihn in Deutschland weiterzuzüchten.

Gegründet wurde der erste „Internationale Bouldogue Français Klub" in Deutschland jedoch von vier anderen Personen. Es handelte sich hierbei tatsächlich um einen internationalen Personenkreis: John Blacker, einen Spanier, Ernest Langford, einen Engländer, Marianne Müller, eine Österreicherin, und Heinrich Knotz, einen Deutschen. Konsul Kustermann war der erste Vorsitzende. 1915 wurde der Name des Klubs in „Internationaler Klub für Französische Bulldoggen" umgewandelt, den er heute noch trägt.

Max Hartenstein hat die Zucht der kleinen Franzosen in den Anfangsjahren sicher entscheidend geprägt, wobei nicht alle Hunde mit seinem Zwingernamen „Plavia" auch tatsächlich von ihm selbst gezüchtet waren. Es war damals üblich, auch einen zugekauften Hund mit dem eigenen Zwingernamen zu benennen und sozusagen die Lorbeeren anderer Züchter auf Ausstellungen zu kassieren. Max Hartensteins größter Erfolg war sicherlich 1913 der Sieg bei der Weltausstellung mit seiner Hündin „Patrice Plavia", die auf einer anderen Ausstellung so-

Champion Zizi Plavia, allerdings aus französischer Zucht

gar zur schönsten Bulldogge des Kontinents gekürt wurde. Leider verstarb Max Hartenstein während des Ersten Weltkriegs.

1913 wurde das erste Zuchtbuch in Deutschland veröffentlicht.

Nach Höhen und Tiefen, bedingt durch die wirtschaftlichen Probleme und Kriegswirren, war der Bully bis

Links: „Ripp" mit Rosenohren, Frankreich
Rechts: Die berühmte „Patrice Plavia"

Scheck und Dunkel gestromt, die „Urfarben" der Bullys

1939 in Deutschland sehr beliebt, so wurden 1925 560 Bullys im deutschen Zuchtbuch registriert. Zwischen 1922 und 1940 erschien in München, dem Sitz des IKFB, eine Bully-Zeitschrift. 1945, nach dem Zweiten Weltkrieg, war die Zucht der kleinen Franzosen in Deutschland stark zurückgegangen; wer ums nackte Überleben kämpft, hat keinen rechten Sinn für die Hundezucht, aber nach 1945 begannen einige Bully-Liebhaber erneut mit der Zucht.

1990, nach dem Fall der Mauer, gliederte sich der bis dato selbstständige ostdeutsche „Club für doggenartige Hunde" als neue Landesgruppe in den IKFB ein.

1991 wurden vom IKFB Zuchttauglichkeitsprüfungen etabliert, da Gesundheitsdiskussionen um die Französischen Bulldoggen natürlich immer im Raum standen, damals aber zunahmen. Wie sich herausstellen sollte, war dies eine weise Entscheidung des damaligen Präsidenten Karl Heinz Blumenrode und seiner Zuchtleitung und heutigen Präsidentin Barbara Pallasky, wurde und wird doch immer wieder von verschiedenen Tierschutzverbän-

den und nicht auch zuletzt vom VDH die Diskussion um die Gesundheit der kleinen Molosser neu entfacht.

Natürlich ändern sich die Anforderungen, die ein Hund erfüllen muss, um in Deutschland zur Zucht zugelassen zu werden, stetig, denn eine Hunderasse ist kein starres Gebilde, sondern wandelt sich. Alte Probleme verschwinden, neue kommen hinzu. Das ist aber nicht nur bei den Bullys der Fall, dieses Phänomen kann man bei allen anderen Hunderassen auch beobachten.

Zum Zeitpunkt der Drucklegung dieses Buches hat der IKFB ungefähr 800 Mitglieder und 90 aktive Züchter. Es werden jährlich ungefähr 320 Welpen geboren und erhalten einen IKFB-Stammbaum. Diese Zahl zeigt uns, dass der IKFB die Nachfrage nach Bully-Welpen natürlich bei Weitem nicht befriedigen kann, und die Tatsache, dass der kleinformatige Molosser sehr beliebt ist, ruft natürlich unseriöse „Vermehrer" auf den Plan, die mit der Vermehrung dieser Hunde ein gutes Geschäft wittern.

Bully-Prominenz

Der Bully ist ein Hund, der auffällt. Ob gewollt oder nicht, mit einem Bully werden Sie angesprochen, oftmals auch belächelt und im schlimmsten und häufigsten Fall wird der Bully – Loriot sei Dank – für einen Mops gehalten. Auf jeden Fall kommt man mit Passanten ins Gespräch und es lässt sich oft trefflich philosophieren über den charmanten Fledermausohrenträger an der Leine.

Viele prominente Menschen hielten und halten sich Bullys und hier sollen nur einige aufgezählt werden:

> Henry de Toulouse-Lautrec, 1864–1901, lebte und malte im Vergnügungsviertel Montmartre in Paris. Dort verewigte er Bouboule, die Französische Bulldogge von Madame Palmyre, auf mehreren Zeichnungen. Madame Palmyre war Besitzerin eines „Établissements", in dem Toulouse-Lautrec oft verkehrte.

> Die russische Zarenfamilie umgab sich ebenfalls mit den kleinen Franzosen. Die zweitälteste Zarentochter Tatjana bekam im Alter von 17 Jahren den Bully Ortino von Dmitri Malama geschenkt. Tatjana hatte ihn als verletzen Soldaten gepflegt und eine innige Freundschaft zu ihm entwickelt. Sie nannte den Hund Ortino in Erinnerung an das gleichnamige Lieblingspferd von Dmitri Malama. Wie wir aus Tagebuchaufzeichnungen von Tatjana wissen, konnte Ortino im Zarenpalast tun und lassen, was er wollte. Er sprang über Tisch und Bänke und zerbrach dabei häufig wertvolle Einrichtungsgegenstände, was die Zarenfamilie aber eher amüsierte als verärgerte. Während der russischen Oktoberrevolution war Ortino stets an Tatjanas Seite und sie nahm ihn auch in ihr Exil nach Jekatarinenburg mit, wo er zusammen mit der Zarenfamilie am 16. Juni 1918 exekutiert wurde. Bei Ausgrabungen fand man ein kleines Hundeskelett, wobei angenommen wird, dass es sich hierbei um Ortino handelte. Dieses Hundeskelett wurde dann zusammen mit den menschlichen Überresten der Zarenfamilie in der Familienkrypta der Romanovs bestattet. Auch im Tode waren Tatjana und ihr geliebter Ortino vereint.

> Der berühmte russische Juwelier Carl Fabergé fertigte mehrere kleine „Ortino"-Halbedelstein-Statuen an, die inzwischen über die ganze Welt verstreut sind. Eine davon befindet sich heute im Cleveland Museum, Ohio in den USA und die andere in der Eremitage in Moskau.

> Der berühmte Moderschöpfer Yves Saint Laurent hielt sich einen Scheckenrüden names Moujik. Viele wunderten sich über das biblische Alter seines Gefährten, allerdings wussten nur wenige, dass es eine Reihe von Moujiks gab, die, sobald der vorhergehende gestorben war, durch einen neuen Moujik ersetzt wurden.

> Andy Warhol, ein Freund Saint Laurents, fertigte mehrere Bilder von Moujik an, die heute als Poster in verschiedenen Webshops bestellt werden können.

> Aber auch Schriftsteller wurden von den kleinen Franzosen inspiriert. Die französische Schriftstellerin Sidonie-Gabrielle Colette besaß ebenfalls einen Bully. Sie war übrigens die erste Frau, die nach ihrem Tod 1954 in Frankreich ein Staatsbegräbnis bekam.

Der Bully, schon immer ein Begleiter für alle Lebenslagen

Knautschnase, Segelohren, Murmelaugen – ein Bully polarisiert, das sollten Sie bedenken, bevor Sie so einen kleinen fledermausohrigen Clown in Ihr Herz lassen. Aber dem Bully-Charme zu widerstehen ist nahezu unmöglich. Und auch diejenigen, die kurznasige Hunde nicht mögen, werden über kurz oder lang von den verspielten und intelligenten Bulldoggen um den Finger gewickelt.

Passt ein Bully zu mir?

An Bullys scheiden sich die Geister

Nachdem Sie im vorherigen Kapitel die blutrünstige, nicht immer rühmliche Vergangenheit des Bullys etwas näher kennengelernt haben und Sie sich jetzt ernsthaft überlegen, Ihr Leben mit einem grunzenden, schnarchenden Ungeheuer zu verbringen, sollten Sie sich vorher jedoch noch einige Dinge durch den Kopf gehen lassen.

Mit einem Bully fallen Sie auf, aber nicht unbedingt immer nur positiv. Sie benötigen mit dem fledermausohrigen Clown an der Leine schon ein dickes

Bullys werden mit Schlappohren geboren.

Fell und viel Rückgrat, sind doch nicht alle Menschen, die Ihnen begegnen, vom Charme einer Französischen Bulldogge gefangen. Dass ein Bully mit einem Mops oder einem Kampfhund verwechselt wird, bringt erfahrene Bully-Besitzer nicht aus der Fassung und ringt ihnen höchstens ein müdes Lächeln ab.

Sie werden aber auch Anfeindungen mit einem solchen Vierbeiner erleben, vor allem, wenn die Tierschutzdiskussionen wieder einmal durch die Presse gehen und neumalkluge Mitmenschen Sie gern wegen Verstoßes gegen das

Ein Bully findet überall
ein Plätzchen.

Tierschutzgesetz anzeigen möchten. Ein Bully polarisiert, und da müssen Sie als Besitzer durch. Als langjährige Bully-Besitzerin kann ich jedoch sagen, die positiven Reaktionen überwiegen und Fragen wie: „Ist das ein Kampfhund?" kontern Sie am besten mit: „Ja, es ist ein Kampfhund, er kämpft um den besten Platz auf dem Sofa."

Wichtige Vorüberlegungen

Wenn Sie einen entspannten Hund möchten, der Ihnen in jeder Lebenslage ein treuer Freund ist, mit dem Sie Spaziergänge bei moderaten Temperaturen unternehmen wollen, und wenn Sie ein schnarchender Zeitgenosse nicht stört, sind Sie als Bully-Besitzer richtig. Auch in einer lebhaften Familie mit Kindern fühlt sich ein Bully wohl. Suchen Sie hingegen einen Kamerad für sportliche Aktivitäten, möchten Sie gern im Hundeverein aktiv sein oder Agility betreiben, sollten Sie lieber auf eine andere Rasse ausweichen. Auch als Jagdhund ist eine Französische Bulldogge völlig ungeeignet.

Machen Sie sich vor der Anschaffung klar, was mit Ihrem Hund passiert, wenn Sie ins Krankenhaus müssen, wenn Sie ihn in den Ferien nicht mitnehmen können, und wie Sie ihn betreuen, wenn Sie arbeiten gehen. Das alles wird Sie ein gewissenhafter Züchter sowieso fragen, und wenn der Züchter einen Hund nicht abgeben möchte, weil er von seinem Besitzer acht Stunden jeden Tag allein gelassen werden soll, spricht das für und nicht gegen den Züchter.

Bully-Besonderheiten

Das Wesen – Clown oder Philosoph?

Ein Bully ist beides. Heutzutage dienen die kleinen Franzosen keinem Zweck mehr und sind einfach nur Hund. Also eigentlich total überflüssig in einer Welt, in der alles, jedes und jeder eine Funktion haben muss. Der Bully ist einfach nur der Hund in unserem Leben und genau das ist der Grund, warum ich Bullys halte und züchte.

Auch beim Einkaufen ist der Bully immer gern dabei.

Mögen sie früher als Kampfhunde Arenen gefüllt haben, diese blutrünstigen Zeiten sind lange vorbei und sie gehören auch schließlich wegen ihrer wunderbaren Zwecklosigkeit zur FCI Gruppe 9: Begleit- und Gesellschaftshunde. Sie befinden sich damit in Gesellschaft von Möpsen, Pudeln, Maltesern, Boston Terriern und vielen mehr.

Wir sollten nicht versuchen aus einem Bully einen anderen Hund zu machen, bloß weil wir früher vielleicht größere Hunde hatten und auf den Hundeplatz gegangen sind. Ein Bully ist ein Luxus und überflüssig, aber total liebenswert.

Training – wer trainiert wen?

Natürlich können Französische Bulldoggen Grundbegriffe des Gehorsams lernen, Begleithundeprüfungen absolvieren und im Rahmen ihrer körperlichen Möglichkeiten Hundesport machen. Natürlich gibt es einen Bully, der in der Schweiz zum Sprengstoffhund ausgebildet wurde, aber eigentlich gehen Bullys das Leben lieber gemüt-

licher an. Ihr Bully wird Sie instinktiv im Notfall beschützen, aber er wird sicher einen Einbrecher eher als potenziellen Stöckchenwerfer ansehen, als dass er wirklich daran interessiert ist, Haus und Hof mit seinem Leben zu verteidigen. Obwohl so ein kräftig bellender Bully durchaus Eindruck macht.

Ist der echt? Oder warum sagt er nichts?

Alles hört auf mein Kommando!

Selbstverständlich können Sie mit Ihrem Bully bei moderaten Temperaturen lange Spaziergänge machen, aber ein Kumpel für sportliche Aktivitäten ist der Bully nicht. Genauso wenig interessiert ihn die Jagd. Ein Bully kann überhaupt nicht verstehen, wie man stundenlang einem verletzten Wildschwein hinterherhetzt oder in einem Dachsbau verschwindet, bietet sich aber die Gelegenheit, die freche Nachbarskatze auf den nächsten Baum zu scheuchen, dann ist der Bully dabei. Was den Dachsbau angeht: Es ist natürlich nicht so, dass nicht auch ein Bully gern buddelt. Vor allem nette Krater im englischen Rasen des Besitzers werden mit Vorliebe gegraben, um sich darin genüsslich zu wälzen und die feine Staubschicht anschließend im Wohnzimmer abzuschütteln.

Blinder Schäferhundgehorsam ist von Bullys nicht zu erwarten. Den Ruf „Komm" interpretiert er eher als Vorschlag, denkt darüber nach und nimmt das Angebot dann an oder auch nicht. Auch das Verbuddeln von Kauknochen ist eine beliebte Freizeitbeschäftigung.

So sind Bullys

Zunächst einmal ist ein Bully ein Hund. Das heißt, er möchte mit uns zusammen im Rudel leben und findet nichts schlimmer, als dauerhaft von seinem Rudel getrennt zu sein. Natürlich ist er Begleiter in unserem Leben, schläft gern im Bett oder auf dem Sofa. Notfalls gibt er sich natürlich auch mit einem gemütlichen Körbchen zufrieden, aber er buddelt auch gern Löcher im Garten und wälzt sich in Sachen, die ungefähr seit 100 Jahren tot in der Sonne liegen und auch danach riechen. Mit dem Wälzen ist es meistens nicht getan, denn hinterher werden diese Dinge dann auch noch verspeist. Wir finden das ekelig, aber alle Hunde und auch alle Bullys lieben diese Art von Körperpflege.

Als kleinformatiger Molosser ist der kleine Franzose sehr selbstbewusst, was vor allem bei Rüden manchmal etwas lästig werden kann. Schaut ein Bully in den Spiegel, sieht er einen 90 kg schweren Mastino vor sich und genauso benehmen sich manche Rüden dann auch, wenn man ihnen nicht

Wo fliegt das Stöckchen denn hin?

energisch Einhalt gebietet. Dabei sind sie keine Raufer oder aggressiven Beißer. Sie sind zwar kleine Hunde, aber ihr Molossererbe können sie nicht verleugnen. Ein Bully ist selbstbewusst und zeigt es auch. Er ist eben kein Schoßhund wie ein Mops. Allerdings steckt in der harten Schale ein weicher Kern. Und wer kann einem Bully schon lange böse sein, der einen traurig anschaut, nachdem er wieder mal auf den Tisch geklettert ist, um Fußstapfen in der Butter zu hinterlassen?

Bullys bellen zwar, wenn es sich lohnt, sie sind aber keine Kläffer wie andere kleine Hunderassen, die nach dem Klingeln an der Tür überhaupt nicht mehr aufhören.

Der Bully und die Kinder

Obwohl Französische Bulldoggen vor allem für Kinder auf den ersten Blick manchmal grimmig wirken, lieben Bullys kleine Kinder.

Im Kontakt mit Kindern öffnet sich das Bully-Herz und aus der harten Schale fließt der weiche Kern. So grobmotorisch und rau die kleinen Franzo-

sen miteinander und auch mit anderen Hunden umgehen, so sanftmütig, vorsichtig und zurückhaltend werden sie im Kontakt mit Kindern.

Ein Bully bezirzt jedes auch noch so ängstliche Kind und es ist immer wieder spannend zu beobachten, wie aus ängstlichen, zurückhaltenden Kindern, die keinen Hundekontakt haben, nach einiger Zeit in der Gesellschaft eines Bullys selbstbewusste „Hundeführer" werden.

Komm her, ich küss dich!

Von wegen Schlaf-
tablette: Auch Bullys
haben Power!

Aber egal, ob es ein Bully oder ein anderer Hund ist, in vielen Studien wurde belegt, dass Kinder, die mit einem Hund (oder auch mehreren) aufwachsen, sozial kompetenter, verantwortungsvoller und auch intelligenter sind, als solche die ohne hündische Gesellschaft groß werden. Das macht natürlich aus einem Volksschüler noch keinen Albert Einstein, aber insgesamt gesehen wirkt sich vierbeinige Gesellschaft auf Kinder sehr positiv aus. Und eine Französische Bulldogge ist als Kinderhund prädestiniert.

Der Wetterbully

Wie alle kurzschnäuzigen Hunde sind Bullys relativ hitzeempfindlich. Bei heißem Wetter sind sie zu wenig zu gebrauchen und halten sich vorzugsweise auf den kalten Fliesen oder im schattigen Garten auf. Da der Bully aber sowieso kein großer Ausdauersportler ist, sollte man vor allem bei heißen Temperaturen die Aktivitäten in die Morgen- oder Abendstunden verlegen oder notfalls völlig ausfallen lassen. Unter den Patienten in meiner Tierarztpraxis, die einen Hitzschlag erleiden, sind nicht in erster Linie Kurzkopf-

rassen, sondern vielmehr die sportlichen Hunderassen, die sich bei großer Hitze überanstrengen, oder die Fälle, in denen es die Besitzer bei heißen Temperaturen übertreiben.

Bei moderaten Temperaturen ist der Bully ein sehr bewegungsfreudiger agiler Zeitgenosse, mit dem man auch problemlos längere Wanderungen unternehmen kann. Der Bully ist sozusagen eher ein Winterhund. Wer also im Winter gern draußen unterwegs ist, hat im Bully den richtigen Partner gefunden. Was gibt es Schöneres als bei Wind und Wetter einen langen Strandspaziergang zu machen oder bei Schnee durch die Wälder zu streifen. Dem Bully wird dabei trotz des kurzen Fells auch nicht kalt, bewegt er sich doch ausgiebig. Einen Mantel benötigt er nur, wenn er sich nicht bewegt oder auf dem Schlitten spazieren gefahren wird.

Der Geräuschbully

Ein Bully ist anders, nicht nur was die Physiognomie betrifft, sondern auch was den Geräuschpegel angeht, der von diesem Hund ausgeht. Bullys machen Geräusche und damit sind nicht Atemprobleme durch ein überlanges Gau-

mensegel oder zu enge Nasenlöcher ge-meint (siehe hierzu auch Kapitel Rasse-spezifische Erkrankungen S. 84). Bullys schnüffeln nicht still und leise wie an-dere Hunde, sondern geben sehr häufig beim Schnüffeln grunzende Geräusche von sich. Sie saugen beim Schnüffeln die Luft genüsslich mit der Nase ein, fast so als wollten sie sich mit ihrer Nase am Gegenstand des Interesses festsaugen. Manchmal hat man auch den Eindruck, sie tun es tatsächlich, denn es ist schwie-rig einen Bully von einer interessanten Schnüffelstelle abzulenken, doch das gehört ins Kapitel Erziehung.

Ein schlafender Bully ist meistens nicht geräuschlos, er schnarcht. Das hat aber, anders als es von vielen Leuten behaup-tet wird, nichts mit einer angeborenen Luftnot zu tun und auch nichts damit, dass Bully-Züchter nur Hunde züchten, die keine Luft bekommen, sondern damit, dass der große Kopf einen wirk-lich herrlichen Resonanzboden für Schwingungen der Stimmbänder bil-det. Als Ausgleich zu den Eigenge-räuschen bellen Bullys recht wenig. Sie sind keine Kläffer, sie bellen, wenn es sich lohnt, hören aber auch schnell wie-der damit auf.

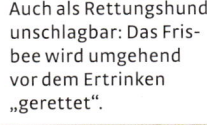

Beim Hunderennen machen sie sogar Pudel „nass"!

Auch als Rettungshund unschlagbar: Das Fris-bee wird umgehend vor dem Ertrinken „gerettet".

Abgesehen davon schnarchen fast alle Hunde mehr oder weniger ausgeprägt und wenn wir daran denken, welche Diskussionen in Ehebetten geführt werden, müssten drei Viertel aller Männer unter einem zu langen Gaumensegel oder zu engen Nasenlöchern leiden. Meistens schnarchen Bullys besonders laut, wenn sie auf dem Rücken liegen (wie die zweibeinigen Männer übrigens auch), dreht man den Hund auf die Seite (oder den Mann), hört das Schnarchen auf oder zumindest senkt sich der Geräuschpegel auf ein erträgliches Maß. Aber es bleibt beim Schnarchen! Sollten Sie also erwägen, den Bully in Ihrem Bett schlafen zu lassen, was früher oder später wahrscheinlich sowieso passieren wird, ohne dass Sie sich eigentlich erklären können wie, gewöhnen Sie sich besser gleich an diesen Geräuschpegel. Notfalls kann man sich ja mit Ohropax behelfen oder den Bully eben doch ins Körbchen verbannen.

Woher nehmen und nicht stehlen?

Würden Sie erwägen, ein Familienmitglied auf dem Wühltisch im Kaufhaus zu kaufen oder über ein Billigangebot im Internet?

Möchten Sie Ihr Leben mit einem Sonderangebot teilen, das sich im Nachhinein als teures Schnäppchen mit enormen Folgekosten entpuppt?

Tut Ihnen ein billiger Wühltischwelpe leid und Sie möchten ihm ein schönes Leben bieten? Bedenken Sie dabei bitte, dass Sie gerade mit diesem Welpenkauf den Handel mit Billigwelpen anheizen und das Leid der Mutterhündinnen verlängern. Diese Hündinnen fristen ihr Leben als Gebärmaschinen und werden teilweise in Drahtkäfigen an der Decke hängend gehalten, damit Kot und Urin nach unten abfließen, und werden erst von ihrem Leid erlöst, wenn sie sterben.

Leinen stören und werden „zersägt".

Haben Sie eine Abneigung gegen Züchter, die in Zuchtverbänden organisiert sind und Welpen mit Papieren züchten? Sie möchten Ihren Hund lieber bei einem Hobbyzüchter kaufen, der sich keinerlei Gesundheitskontrollen unterwirft und munter darauflos vermehrt? Sie brauchen sowieso keine Papiere für Ihren Welpen und sind ein freier Mensch, also soll es der Züchter auch sein?

Vielleicht überlegen Sie sich nach diesen Fragen doch, ob Sie Ihren Welpen nicht lieber bei einem seriösen Züchter kaufen möchten, auch wenn das neue Familienmitglied dort wahrscheinlich mehr als doppelt so viel kostet wie ein Wühltischwelpe.

Leider ist die Französische Bulldogge ein Modehund geworden, mit dem sich viele schmücken möchten. Als Züchter sollte man sich eigentlich darüber freuen, dass es viele andere Menschen gibt, die den gleichen Geschmack haben, aber genau das Gegenteil ist der Fall. Ein Trend ruft immer windige Genossen auf den Plan, die schnelles Geld mit dem Vermehren oder dem Handel dieser Hunde wittern. Hunde sind keine Autos, der Züchter kann die „Welpenproduktion" nicht einfach erhöhen, nur weil plötzlich mehr Welpen nachgefragt werden. Diejenigen, die den Markt bedienen können, sind Hundehändler oder Vermehrer oder eben auch die „Hobbyzüchter". Nun ist es nicht immer lustig, einem Verband anzugehören. Wie in einer Familie gibt es dort auch Streit und Meinungsverschiedenheiten, man muss sich Mehrheitsbeschlüssen unterordnen und Untersuchungen und Gesundheitschecks durchführen lassen, die man selbst vielleicht für nicht unbedingt notwendig erachtet.

Nichtsdestotrotz kommt ein seriöser Züchter nicht darum herum, in einem Verband zu züchten, mit allen Vor- und Nachteilen.

Alle Welpen werden mit Hängeohren geboren.

Organisation der Hundezucht

Der weltgrößte Dachverband für die Hundezucht ist die FCI (Fédération Cynologique International). Die nationalen Dachverbände, in Deutschland der VDH (Verband für das Deutsche Hundewesen), sind dort zu einem internationalen Verband zusammengefasst. Mitglied des VDH sind wiederum die deutschen Zuchtverbände der verschiedenen Rassen, für die Französische Bulldogge ist das in Deutschland der IKFB (Internationaler Klub für Französische Bulldoggen). Andere Rassen sind im VDH mit mehreren Vereinen vertreten, z. B. Labrador Retriever, Mops, Tibet Terrier und viele mehr. Diese Vereine müssen sich bestimmten, vom VDH vorgegebenen Rahmenbedingungen unterordnen, sind aber ansonsten frei in der Gestaltung ihrer Ordnungen und Bestimmungen und eben auch ihrer Vorgaben für die Zulassung von Hunden zur Zucht.

Die Hürden dafür, einen Hund zur Zucht zuzulassen, sind hoch und nur die Mitgliedschaft im VDH gewährleistet für den Welpenkäufer einen gewissen Qualitätsstandard und eine Kontrolle der Züchter. Das ist natürlich niemals eine Garantie dafür, auch wirklich einen gesunden Hund zu erhalten, und wie überall gibt es auch im VDH schwarze Schafe, aber ein gewisses Maß an Verantwortung trägt der Welpenkäufer natürlich bei der Auswahl seines Züchters auch. Heute dient das Internet gerade beim Hundekauf als Informationsmedium Nummer eins.

Zunächst einmal kann man über den IKFB eine Liste von allen Züchtern finden. Zusätzlich gibt es Informationen über Züchter, die gerade Welpen haben oder in Kürze einen Wurf erwarten.

Viele Züchter haben Websites, auf denen man sich über die Hunde und auch den Züchter informieren kann. Das gilt natürlich auch für Züchter, die nicht im IKFB züchten. Diese sind natürlich nicht auf der IKFB-Homepage vertreten. Der „Markt" ist groß und bunt und es fällt schwer, sich richtig zu entscheiden, denn oft ist ein Hundekauf auch ein spontaner Liebeskauf, den Sie sich allerdings vorher gut überlegen sollten. Bei einem seriösen Züchter wird Ihnen ein solcher spontaner Liebeskauf eher selten passieren, denn der Züchter schaut sich den potenziellen Welpenkäufer genau an und entscheidet dann, ob er einen Welpen abgibt oder nicht. Das ist aber natürlich auch keine Einbahnstraße, denn Sie als Welpenkäufer sollten sich den Züchter und seine Welpen auch genau anschauen, Fragen stellen und vielleicht feststellen, dass Sie dort lieber keinen Welpen erwerben möchten.

Welpen nehmen alles in den Mund.

Welpe oder erwachsener Bully?

Nicht in jede Lebenssituation passt ein Welpe. Welpen sind im ersten Lebensjahr so anstrengend wie kleine Kinder. Sie bringen zwar gute Voraussetzungen mit, wenn sie von einem seriösen Züchter kommen, aber das Anfressen von Stuhlbeinen, die Zerstörung der Wohnung, die Neudekoration der Gar-

tenbepflanzung, die Verzierung von Leisten, Teppichen und Kleidungsstücken und schließlich auch die Verunreinigungen durch kleine Malheure in flüssiger und fester Form kann dem Welpen kein noch so guter Züchter „wegzüchten". Alle Welpen müssen zunächst einmal stubenrein werden, sie müssen erzogen und geleitet werden, sie brauchen viel Kontakt mit anderen Hunden und viel Fürsorge, auf einen Nenner gebracht: Welpen sind ungeheuer zeitintensiv.

Mit einem erwachsenen Bully ist das einfacher. Er ist stubenrein, schläft nachts durch, hat nicht mehr unbedingt den Drang, die Wohnung umzudekorieren, und meistens hält sich die Zerstörung von Garten und Zierpflanzen in Grenzen.

Info | Welpenvermittlung

Die Welpenvermittlung beim IKFB (einziger Zuchtverein für Französische Bulldoggen im VDH) finden Sie unter: www.ikfb.de, Menüpunkt Zucht, Untermenüpunkt Welpen.

Das Spiel mit erwachsenen Hunden ist eine Schule fürs Leben.

Einen erwachsenen Bully findet man über die Welpenvermittlungen des Zuchtverbandes, über das Internet oder beim Züchter.

Es ist nicht unbedingt ein schlechtes Zeichen, wenn ein Züchter Tiere abgibt, mit denen er nicht mehr züchten darf, sei es aus Altersgründen oder seien es Hündinnen, die bereits zwei Kaiserschnittgeburten hatten oder die aus anderen Gründen mit dem restlichen Rudel des Züchter unverträglich sind. Das hat nichts damit zu tun, dass die Hündinnen ausgebeutet und dann weggeworfen werden. Genau das Gegenteil ist der Fall, ein guter Züchter sucht sorgfältig einen Platz für seine erwachsenen Hunde und manchmal ergibt sich die Gelegenheit, einen Rudelhund an einen Einzelplatz zu vermitteln. Der Bully ist anpassungsfähig und das Leben als Einzelhund bietet für den Hund auch viele Vorteile. Er ist der alleinige Hund im Haus, dem die ganze Fürsorge und Aufmerksamkeit seines Besitzers zuteilwird. Beim Züchter muss er mit anderen teilen. Es gibt einfach Hunde, die sich nicht gut in ein Rudel integrieren und die an einem Einzelplatz besser aufgehoben sind. Das hat sowohl für Sie als Besitzer Vorteile als auch für Ihren neuen vierbeinigen Mitbewohner.

Und glauben Sie mir, es ist für einen Züchter viel schwerer, einen erwachsenen Hund abzugeben als einen Welpen. Bei einem Welpen weiß ich als Züchter, dass er mich nach neun Wochen verlassen wird, ein erwachsener Hund hat mein Leben über einen langen Zeitraum geteilt und ist mir mit all seinen Eigenheiten ans Herz gewachsen. Ohne pathetisch klingen zu wollen, aber bei der Abgabe eines erwachsenen Hundes habe ich viel eher das Gefühl, ein Familienmitglied zu verkaufen, als bei einem Welpen und gerade bei den erwachsenen Hunden freue ich mich dann so sehr, wenn ich durch Telefonate oder Besuche der neuen Hundefamilie feststelle, dass meine Entscheidung, den jeweiligen Hund abzugeben, richtig war. Abgesehen davon sind die Wohnungskapazitäten schnell erschöpft, wenn man viele Hunde hält, die nicht mehr zur Zucht eingesetzt werden können.

Rüde oder Hündin?

Wo liegt der Unterschied?

Der auffälligste Unterschied ist das Aussehen. Einem Rüden soll man sein Geschlecht ansehen, genauso wie einer Hündin. Ein erwachsener Rüde hat einen deutlich maskulineren Kopf und ist kräftiger als eine Hündin. Mit ungefähr einem halben Jahr, wenn der junge Mann anfängt das Bein zu heben und geschlechtsreif ist, entdeckt er dann auch, dass es mehr auf dieser Welt gibt als sein menschliches Rudel. Die Pubertät setzt meistens mit ungefähr acht Monaten ein und der Vierbeiner muss jeden Grashalm ausführlich beschnüffeln und natürlich auch „begießen". Den Geruch von läufigen Hündinnen quittiert er mit ausführlichem Zähneklappern und vielleicht auch Schmatzen. Wenn Sie Pech haben, begibt er sich selbstständig auf Freiersfüße, weil ihm natürlich alle Mädchen gefallen und er seine Leidenschaft nicht nur auf Bully-Damen beschränkt. Er wird selbstbewusst und zeigt das auch, schließlich ist er ein kleinformatiger Molosser. Das kann zuweilen etwas lästig werden und diesen Ambitionen muss man als Besitzer energisch Einhalt gebieten. Allerdings sind die meisten allein oder mit anderen Rüden zusammen gehaltenen Bully-Rüden völlig unproblematisch und auch gut verträglich.

Manche Rüden leiden unter ausgeprägtem Liebeskummer, wenn Hündinnen in der Nachbarschaft heiß sind, denn der „süße Duft" ist für einen Rüden über viele Hundert Meter weit wahrzunehmen.

Der Unterschied ist deutlich: links der Rüde, rechts die Hündin

Also doch eine Hündin?

Eine Hündin soll kleiner und femininer sein als ein Rüde. Damit ist sie meistens auch etwas leichter. Allerdings wird sie ungefähr zweimal im Jahr läufig. Das heißt, sie blutet aus der Scheide, sie ist interessant für die Rüden und sie macht sich in dieser Zeit auch sehr gern selbstständig, um sich einen – in ihren Augen – schönen Mann auszusuchen. Eine läufige Hündin sollte in dieser Zeit unbedingt angeleint bleiben und es passiert auch oft, dass man einen schönen Spaziergang abbrechen muss, weil man plötzlich von einem hartnäckigen Verehrer verfolgt wird.

Charakterlich unterscheiden sich Hündinnen und Rüden nicht unbedingt. Es gibt sowohl unter den Rüden als auch unter den Hündinnen ausgesprochene „Schmusebacken".

Aufgerissene Mäuler sehen gefährlich aus, sind es aber nicht und gehören hier zum Spielgesicht dazu.

Farbschläge

Welche Farbe passt zur Handtasche? Das soll natürlich in keinem Fall Ihr Kriterium bei der Auswahl eines Bullys sein, aber die Bully-Welt ist bunt: Bullys gibt es in vielen Farben. In Deutschland sind drei Farbschläge (allerdings mit vielen Varianten) zur Zucht zugelassen: Gestromt, Fauve, und Schecke.

Schokobraune, mausgraue (sog. blaue), cremefarbene und andere Farbschläge sind in Deutschland nicht zugelassen und nicht erwünscht, weil sie teilweise mit schweren gesundheitlichen Beeinträchtigungen für die Hunde verbunden sind (siehe auch Rassestandard hintere Umschlagklappe).

Manche Züchter haben sich auf die Zucht bestimmter Farbschläge spezialisiert, wieder andere züchten alle Farbschläge. Das ist Geschmackssache und hängt natürlich auch davon ab, welche Elterntiere mit welchen Farben man miteinander verpaart.

So kann eine dunkle Hündin Schecken und fauve Welpen bekommen, je nachdem welche Farben ihre Vorfahren und die Vorfahren des Rüden hatten.

Je flexibler Sie mit Ihrem Farbwunsch sind, desto eher haben Sie die Chance, Ihren Wunschwelpen zu bekommen. Denn die alte Züchterweisheit lehrt: Man hat als Züchter immer gerade die Farbe in der Wurfbox liegen, die gerade nicht gefragt ist. Aber ein seriöser Züchter züchtet nicht nach einem Modegeschmack, sondern weil er ein Zuchtbild eines Hunde vor Augen hat, das er mit seinen Welpen möglichst erreichen möchte. Er züchtet auch nicht, um Welpen zu verkaufen, sondern er züchtet Hunde für sich und verkauft alle diejenigen Welpen, die er selbst nicht behalten kann.

Bunte Hunde: hier sehen Sie Bully-Farben auf einen Blick.

Oben links: Gestromt
Oben rechts: Schecke
Unten links: Gestromt
Unten rechts: Fauve

Bullys und andere Haustiere

Bullys sind anpassungsfähig und vertragen sich gut mit anderen Haustieren. Allerdings ist das Zusammenleben von Bullys und Katzen nicht ganz unproblematisch. Durch den kurzen Fang und die großen, runden Augen kommt es bei kleineren Meinungsverschiedenheiten zwischen Bully und Katze leichter zu Augenverletzungen durch die Katzenkrallen als bei anderen Hunderassen. Das sollten Sie als Katzenliebhaber unbedingt bedenken. Aber in der Regel teilt der Züchter Ihnen seine Bedenken in dieser Hinsicht auch mit. Solche Hornhautverletzungen können sehr hartnäckig sein und im schlimmsten Falle zu Beeinträchtigungen der Sehkraft führen, wenn Komplikationen im Heilungsverlauf auftreten. Als Kaninchen-Fan rate ich auch von der Haltung von Hunden und Kaninchen in einem Haushalt ab. Kaninchen sind Beutetiere und fürchten sich vor den Jägern (Hunden und Katzen). Auch wenn der Bully kein passionierter Jäger ist, so gehört er

eindeutig zu der Gattung Hund und ist für das Kaninchen ein Aggressor. Auch wenn ein Bully mit einem Kaninchen gern schmust und es leckt, für das Kaninchen ist dieses Verhalten extrem stressig.

Mehrere Bullys halten

Eins, zwei, drei, vier, viele?

Bald nach der Anschaffung des ersten Bullys werden Sie feststellen: Bullys sind wie Kartoffelchips: Man kann unmöglich nur einen nehmen. Zwei Rüden oder zwei Hündinnen kann man problemlos miteinander halten, bei einem Pärchen wird es schon schwieriger. Auch Wurfgeschwister paaren sich munter drauflos, wenn die Hündin heiß ist, ohne Rücksicht darauf zu nehmen, dass sie miteinander verwandt sind. Die meisten Züchter werden daher nur ungern oder gar nicht ein Pärchen abgeben. Wenn Sie aber unbedingt ein Pärchen halten wollen, müssen Sie einen von den beiden Hun-

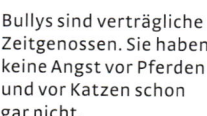

Bullys sind verträgliche Zeitgenossen. Sie haben keine Angst vor Pferden und vor Katzen schon gar nicht.

den kastrieren lassen. Bei einem Pärchen kann es Ihnen außerdem passieren, dass der Rüde seinem Besitzerstolz über sein Minirudel Ausdruck verleihen möchte und munter anfängt, die Wohnung zu markieren.

Der Bully und andere Hunderassen

Wie schon erwähnt ist ein Bully ungeheuer anpassungsfähig. Deshalb verträgt er sich problemlos mit anderen Hunderassen. Bei der Auswahl seines Rudels sollte man aber möglichst darauf achten, dass sich die Hunde ergänzen oder nicht allzu verschieden sind. Halten Sie Windhunde und gehen häufig zu Windhunderennen, haben Sie im Bully den falschen Begleiter. Obwohl ein Bully auf kurze Distanzen ganz schön schnell sein kann, ein Ausdauersportler ist er nicht. Bullys vertragen sich eigentlich mit allen anderen Hunderassen, allerdings muss man bei der Auswahl auch Bedenken, dass der Bully eben kleiner ist und dazu neigt, sich im Spiel mit großen Hunden zu überfordern. Boxer, Doggen und Bullys werden allerdings häufig zusammen gehalten, weil sie sich von der Physiognomie her ähneln.

Der Züchter

Der Züchter kümmert sich um die Mutterhündin und zieht Ihr neues Familienmitglied in den ersten neun Wochen seines Lebens auf. Er betreut und pflegt die Welpen und hat einen entscheidenden Einfluss auf das Verhalten und die Gesundheit Ihres zukünftigen Hundes. Aber wie finden Sie einen guten Züchter?

Hundeschauen sind ein guter Anlass, mit Züchtern und Hundehaltern ins Gespräch zu kommen. Es gibt über das Jahr verteilt viele Hundeschauen im ganzen Bundesgebiet. Das können große internationale Schauen sein, auf denen es meistens laut und hektisch zugeht, oder kleinere Spezialhundeausstellungen, bei denen nur Französische Bulldoggen oder Bullys und Kleinhunde oder andere wenige Hunderassen ausgestellt werden. Diese Hundeausstellungen sind familiärer und kleiner als die großen Schauen und man kommt schneller mit den einzelnen Hundeausstellern ins Gespräch. Zudem ist dort ein Katalog erhältlich, in dem alle ausgestellten Hunde mit Besitzer- und Züchtername aufgelistet sind. Hier finden sich auch sehr viele Züchter ein, die ihre Hunde ausstellen oder einfach am Ausstellungsring mit anderen Bully-Fans fachsimpeln. Auch wenn es Ihnen vielleicht schwerfällt, sprechen Sie die Aussteller einfach an. Jeder freut sich über ein Kompliment zu seinem Hund.

Hundespiele sind wichtig für die Sozialisierung.

Bei so viel Spielzeug fällt
die Auswahl schwer.

In den einzelnen Landesgruppen des IKFB werden auch immer viele verschiedene Freizeitaktivitäten wie Spaziergänge, Sommerfeste, Grillfeste, Hundetreffen u. Ä. angeboten. Die Termine erfahren Sie bei den einzelnen Vorsitzenden der Landesgruppen oder auf der IKFB-Homepage. Bei anderen Verbänden verhält es sich ähnlich. Am besten Sie melden sich unverbindlich für ein solches Treffen an. Sie sind jederzeit herzlich willkommen, auch wenn Sie kein Klubmitglied sind. Diese Treffen bieten die Möglichkeit zu ungezwungenen Gesprächen und Begegnungen mit Zwei- und Vierbeinern. Sie müssen als zukünftiger Bully-Besitzer natürlich weder dem Klub beitreten noch an diesen Aktivitäten teilnehmen. Aber man trifft immer nette Menschen und es entwickeln sich Freundschaften, die so im „richtigen Leben" niemals zustande gekommen wären.

Der Züchter wird Wert darauf legen, dass Sie einen „Vorstellungstermin" mit ihm vereinbaren. Meistens werden Sie eingeladen, wenn gerade keine Welpen in der Wurfkiste liegen oder wenn die Babys mindestens vier Wochen alt sind. Bei einem seriösen Züchter geht es nicht zu wie im Supermarkt, d. h. Sie werden dort nicht zum ersten Mal erscheinen und dann sofort Ihren Bully-Welpen mitnehmen können.

Viele Menschen haben das Gefühl, dass die Fragen des Züchters zu sehr ins Private gehen. Aber bedenken Sie, es handelt sich bei einem Welpen um ein Lebewesen und der Züchter möchte möglichst einen guten Platz für seinen Welpen finden. Umgekehrt sollten Sie auch nicht davor zurückschrecken, dem Züchter Löcher in den Bauch zu fragen. Dieser Besuch beim Züchter ist ja schließlich auch keine Einbahnstraße. Sie haben als Welpeninteressent genauso das Recht, sich gegen den Züchter zu entscheiden und Ihren Traumhund bei jemand anderem zu kaufen. Letztlich kommt es doch immer darauf an, dass die „Chemie" zwischen Ihnen und dem Züchter stimmt und dass beide Seiten ein gutes Gefühl bei dem „Geschäft" haben.

Ein kleiner Tipp: Auch wenn der Kaufpreis interessant ist, sollte das nicht Ihre erste Frage sein. Viele Züchter reagieren darauf außerordentlich verschnupft, auch wenn Sie eigentlich nur Interesse zeigen möchten und es Ihnen gar nicht darauf ankommt, vielleicht um den Preis zu verhandeln. Bei einem seriösen Züchter gibt es sowieso keine Schnäppchen.

Ein seriöser Züchter

Züchtet nur eine, maximal zwei Hunderassen.

Lädt Sie zu sich ein, um sich gegenseitig kennenzu-lernen.

Fragt Ihnen ein Loch in den Bauch über Ihre Lebens-umstände, Hundeerfahrung, Wohnung, Arbeit etc.

Hat die Mutterhündin und meistens auch mehrere Hundegenerationen bei sich im Haus.

Die Welpenväter sind meistens fremde Rüden und leben nicht im Züchterhaushalt.

Hat einen guten und liebevollen Kontakt zu seinen Hunden.

Hält seine Hunde im Haus und nicht im Zwinger.

Hat ein separates Welpenzimmer und genügend Platz für die Welpen.

Hat ein sauberes Haus bzw. eine saubere Wohnung und es ist kein penetranter Hundegeruch wahrzunehmen.

Hat wahrscheinlich angefressene Stuhlbeine und abgenagte Teppiche (Zeichen dafür, dass Welpen im Haus gehalten werden, denn man kann gar nicht so schnell gucken, wie ein Welpe sich an einem Stuhlbein zu schaffen macht).

Gibt Ihnen geduldig Auskunft auf alle Ihre Fragen und freut sich immer, wenn Sie ihn kontaktieren, nachdem der Welpe bei Ihnen eingezogen ist.

Steht Ihnen bei allen die Rasse betreffenden Fragen zur Seite.

Züchtet Welpen mit VDH- oder FCI-Papieren.

Bully-Zucht

Bestimmte Voraussetzungen

Ein zukünftiger Züchter muss mindestens ein Jahr Mitglied im IKFB sein, bis er einen Antrag auf Zwingerzulassung stellen kann.
Die Zwingerhaltung der Hunde ist nicht ausdrücklich verboten, aber unerwünscht, da der Bully kein Zwingerhund ist (meiner Meinung nach ist sowieso kein Hund ein Zwingerhund, ausgenommen vielleicht Meutehunde, die zur Jagd eingesetzt werden).

Der Züchter

Das Haus des Züchters wird von einem Zuchtwart kontrolliert und der Züchter muss eine schriftliche Prüfung ablegen, bevor er eine Zwingerzulassung erhält. Weiterhin ist er verpflichtet, in regelmäßigen Abständen Fortbildungskurse zu besuchen und dies auch nachzuweisen.

Anforderungen an die Hunde

Die Hunde müssen eine FCI-Ahnentafel, in Ausnahmefällen ein sog. Registerpapier, haben und mindestens 15 Monate alt sein, wenn sie zum ersten Mal zur Zucht eingesetzt werden. Außerdem müssen sie eine ZTP (Zuchttauglichkeitsprüfung) durchlaufen haben. Diese beinhaltet verschiedene Untersuchungen: Einen Fitnesstest, einen DNA-Status, eine Untersuchung auf Patellaluxation und eine Wirbelsäulenbeurteilung durch eine unabhängige Gutachterin. Außerdem werden sie auf der ZTP im Wesen, in der Anatomie und dem Gangwerk noch einmal von einer Zuchtkommission beurteilt, und schließlich müssen sie einmal ausgestellt werden.
Das Höchstalter für die Zucht für Hündinnen beträgt acht Jahre, für Rüden zehn Jahre.

Die Welpen

Der Wurf muss innerhalb der ersten drei Lebenstage beim Verband gemeldet werden. Ein speziell ausgebildeter „Zuchtwart" besucht den Züchter zweimal: einmal innerhalb der ersten drei Lebenswochen und einmal nach vollendeter neunter Lebenswoche. Dabei erfolgt eine genaue Begutachtung jedes Welpen, was auch genau protokolliert wird. Erst danach dürfen die Welpen an ihre neuen Besitzer abgegeben werden.

Sonstige Bestimmungen

Hält ein Züchter mehr als drei gebärfähige Hündinnen, muss er beim zuständigen Veterinäramt eine weitere Prüfung ablegen. Eine Hündin darf nur einmal pro Kalenderjahr zur Zucht eingesetzt werden, nach zwei Kaiserschnitten darf mit ihr nicht mehr gezüchtet werden. Ein Rüde darf in Deutschland nur fünf Mal im Jahr als Deckrüde eingesetzt werden.

Papiere

Ein Welpe von einem Züchter aus dem IKFB erhält einen Impfausweis, der Züchter muss Entwurmungen seiner Welpen und seiner Mutterhündin nachweisen, einen Backenabstrich für eine DNA-Untersuchung machen lassen und den Welpen mit einem Mikrochip versehen lassen. Dieser befindet sich an der linken Halsseite, die Nummer wird im Impfpass dokumentiert. Meistens erhalten Sie die Ahnentafel Ihres Hundes erst einige Wochen später. Auf ihr ist die Mikrochipnummer des Welpen auch dokumentiert.

Der Kaufpreis

Ein Welpe von einem seriösen Züchter wird immer um ein Vielfaches teurer sein als ein Welpe von einem Hundehändler. Reich wird der Züchter deshalb aber trotzdem nicht. Es ist ein langer, steiniger, kostenintensiver Weg im IKFB überhaupt einen Hund in die Zucht nehmen zu können. Sie müssen viele Gesundheits-Checks durchlaufen, den Hund ausstellen, Ihren Zwinger zulassen, als Züchter selbst Prüfungen machen, um überhaupt züchten zu dürfen. Bis dahin haben Sie dann schon viel Geld ausgegeben und noch mehr Zeit investiert und haben noch keinen einzigen Hund gezüchtet. Schließlich ist für den Besuch beim Rüden die Deckgebühr fällig, egal ob Ihre Hündin trächtig wird oder nicht. Der Deckrüde steht auch nicht unbedingt im Haus nebenan und der Züchter muss manchmal Hunderte

Kilometer zum Deckrüden fahren, im Hotel übernachten, Urlaub nehmen und die Hündin tierärztlich betreuen lassen. Leider muss man bei den Französischen Bulldoggen immer damit rechnen, dass ein Kaiserschnitt fällig wird, dass manche Welpen nicht überleben werden, und schließlich muss der Wurf zweimal von einem Zuchtwart kontrolliert werden, die Welpen müssen entwurmt, mit einem Mikrochip versehen und geimpft werden. Schließlich müssen alle Hunde auch noch gefüttert werden. Und nicht zuletzt ist ein Wurf ein 24-Stunden-Job. Um es als Geschäft zu betreiben, müsste man als Züchter einen sehr niedrigen Stundenlohn ansetzen oder einfach von der Zucht total begeistert sein. Und genau das Letztere trifft auf seriöse Züchter, mich eingeschlossen, zu.

Die Auswahl des Welpen

Es kann in einem Bully-Wurf auch immer bunte Würfe mit Schecken, Fawnfarbenen und Dunkelgestromten geben. Neben der Farbwahl und dem Geschlecht spielt der Charakter eine wichtige Rolle. Lassen Sie sich vom Züchter beraten, denn er kennt das Wesen seiner Welpen ganz genau. Obwohl alle Geschwister die gleichen Eltern haben, unterscheiden sie sich charak-

Bullys und Kinder sind ein unschlagbares Team.

terlich meistens ganz erheblich. Es gibt die schüchternen Zurückhaltenden, die forschen Draufgänger, die Prinzen und Prinzessinnen, die Vielfraße, die mäkligen Fresser, die Faulen, die Sonnenanbeter und noch viele andere. Der Züchter verbringt die ersten Lebenswochen sehr intensiv mit Ihrem zukünftigen Familienmitglied und will Sie auch deshalb gut kennenlernen, damit er weiß, welcher Welpe zu Ihnen passt. Eine schüchterne Prinzessin bespielsweise ist in einem Haushalt mit drei kleinen Jungen und zwei weiteren großen Hunden nicht unbedingt gut aufgehoben, wird sich aber bei einer ruhigen Familie mit einem sanften kleinen Mädchen wohler fühlen. Schließlich möchte der Züchter, dass Sie wirklich Ihren Traumhund bekommen und sich der Hundekauf für alle Beteiligten nicht als Albtraum entpuppt.

Info | Der Welpenpreis

Seriöse Züchter, die im IKFB züchten, verlangen ca. 1800 Euro für einen Welpen. Welpen, die von sog. Hobbyzüchtern preiswerter abgegeben werden, entpuppen sich hinterher sehr oft als teure Schnäppchen. Denn das Geld, das Sie beim Kaufpreis gespart haben, kostet sie hinterher der Tierarztbesuch.

Welpen fressen einfach alles, auch Blüten. Entfernen Sie giftige Pflanzen deshalb unbedingt, bevor Ihr Welpe einzieht.

Wollen Sie einen Hund, um ihn auszustellen, reicht es nicht aus, nur den schönsten zu nehmen. Ein Ausstellungshund muss Charisma haben und sich gern präsentieren, das kann man ihm aber nicht an der Nasenspitze ansehen, deshalb sollten Sie auch hier auf den Rat des Züchters hören.

Wichtige Vorbereitungen

Die welpensichere Umgebung

Bevor der Welpe bei Ihnen einzieht, sollten Sie einige Vorkehrungen treffen, um Ihr Haus oder Ihre Wohnung möglichst welpensicher zu gestalten. So ein Welpe ist wie ein Baby, der Forscherdrang ist groß, alles wird beschnüffelt, aber damit nicht genug, es wird auch noch alles in den Mund genommen und im Gegensatz zum zweibeinigen Kleinkind dann meistens auch noch zerkaut und geschluckt.

Unser letzter Wurf hat es geschafft, das Mobilteil unseres Telefons verschwinden zu lassen. Wir wissen bis heute nicht, wo das Telefon hingekommen ist. Offensichtlich haben es die Welpen auch nicht aufgefressen, denn alle sind wohlauf, es hat in keinem Hundebauch geklingelt und wir haben auch nie angenagte Teile gefunden; und glauben Sie mir, unsere Wohnung ist welpenerprobt. Was ich damit sagen möchte: Welpen kommen auf die abwegigsten Ideen und sind sehr erfindungsreich, wenn es darum geht, Unsinn anzustellen. Vor allem Kabel, Zierleisten, Schuhe, Kleidungsstücke, Bücher, Zeitschriften und Kissen sind sehr gefährdet.

Falls Sie einen Garten haben, sollten Sie unbedingt im Zaun nach Schlupflöchern suchen. Ein kleiner Welpe hat sich schnell durch eine schmale Lücke gequetscht und landet dann auf der Straße, wo es zu schlimmen Unfällen kommen kann. Leider erstreckt sich der Forscherdrang auch auf den Garten, d. h. es werden gärtnerische Tätigkeiten ausgeführt: Blumen und Zweige werden herausgerissen und Löcher gebuddelt. Prüfen Sie also unbedingt, ob Sie im Garten und im Haus giftige Pflanzen haben, und stellen Sie sie weg.

Einen Teich im Garten sollten Sie unbedingt absichern. Bullys können zwar schwimmen, aber durch ihren re-

Info Welpenzubehör

> Leine
> Halsband
> Körbchen
> Decke
> Spielzeug
> Futter- und Wassernapf
> Kauknochen
> Bürste
> Babytücher zur Faltenpflege
> Zeckenzange
> Hundetransportbox

lativ großen Kopf ist die Gefahr zu ertrinken größer als bei anderen Hunden. Außerdem haben die meisten Teiche ein sehr steiles Ufer. Wenn der Hund dann einmal ins Wasser gefallen ist, kommt er nicht so schnell wieder aus dem Teich heraus und kann jämmerlich ertrinken.

Die Erstausstattung
Natürlich benötigt Ihr kleiner neuer Mitbewohner auch eine Erstausstattung in Form von Körbchen, Decke, Leine und Halsband. Bei vielen Züchtern wird das erste Welpenhalsband mitgeliefert, aus dem der Welpe allerdings auch schnell wieder herausgewachsen ist. Messen Sie unbedingt den Halsum-

fang Ihres Welpen, denn Bullys haben auch als Welpen bereits einen erstaunlich dicken Hals und viele Welpenhalsbänder sind ihnen einfach zu klein.

Ich bin kein Freund von Hundegeschirren. Das Argument, dass die Hunde dann nicht am Halsband gewürgt werden oder durch den Ruck am Halsband erzogen werden, wenn sie an der Leine ziehen, ist zwar richtig, aber die meisten Geschirre sitzen nicht richtig. Sie sind entweder zu eng oder zu weit, nicht ausreichend gepolstert oder schlecht und falsch angelegt. In diesen Fällen scheuern sie und verursachen genau die Beeinträchtigungen der Wirbelsäule, die mithilfe des Geschirrs eigentlich vermieden werden sollten.

Nichts wie weg mit der verbotenen Beute

Im Team kommt man beim Graben viel schneller voran als allein.

Das Abholen des Welpen

Beim Abholen des Welpen empfiehlt es sich auf jeden Fall zu zweit zu kommen, damit einer den Kleinen bei der Autofahrt beaufsichtigen kann. Der Züchter wird Ihnen den Impfpass, etwas Zubehör und auch etwas Futter aushändigen. Die Bearbeitung der Ahnentafel dauert manchmal etwas länger und meistens hat der Züchter noch keine Ahnentafel für die neun Wochen alten Welpen vorliegen. Er wird Sie aber sicherlich das Wurfabnahmeprotokoll einsehen lassen oder Ihnen eine Kopie aushändigen.

Die Erstellung der Ahnentafeln kann bis zu drei Monaten dauern, aber spätestens wenn die Welpen ein halbes Jahr alt sind, sollte der Züchter die Ahnentafel nachreichen.

Die meisten Züchter geben dem Welpen auch ein erstes Halsband mit, an das sie ihn bereits gewöhnt haben. Die meisten Halsbänder haben nämlich einen „Juckpulvereffekt": Ein Welpe setzt sich erst einmal hin und kratzt sich ausgiebig, wenn er das Halsband angelegt bekommt. Oder er wälzt sich über den Teppich und versucht das lästige Ding loszuwerden. Je nach Material ist der Juckpulvereffekt stärker oder schwächer. Einfache Nylonhalsbänder sind am angenehmsten. Die schönen, aufwendig verzierten Lederhalsbänder jucken am meisten und verursachen diesen Effekt auch noch bei unseren erwachsenen Hunden. Allerdings tragen unsere Hunde diese Halsbänder nur zu besonderen Gelegenheiten und auf Ausstellungen.

Falls Ihnen der Züchter keine nach der Hundemama riechende Schmusedecke für Ihren Welpen mitgeben möchte, lassen Sie ihm bei Ihrem letzten Besuch vor dem Abholen eine Decke oder ein Handtuch da, damit der Welpe im neuen Zuhause ohne Hundemama und Geschwister ein kleines Trostpflaster hat. Diese Decke soll der Züchter am mütterlichen Gesäuge reiben bzw. den Welpen einige Zeit in die Wurfkiste legen. Wenn Sie den neuen Mitbewohner abholen, nehmen Sie die Schmusedecke einfach mit – und damit ein Stück Geborgenheit für Ihren Welpen. Am mütterlichen Gesäuge wird nämlich ein Pheromon gebildet, das bei einem Hund lebenslang ein Ge-

borgenheitsgefühl weckt, auch wenn er es als erwachsener Hund riecht. Dieses Pheromon kann mittlerweile synthetisch hergestellt werden und ist als Spray oder Halsband erhältlich. Es sieht einem Zeckenhalsband ähnlich und erleichtert Ihrem neuen Mitbewohner sicherlich die Eingewöhnungsphase. Fragen Sie Ihren Tierarzt danach, er kennt dieses Produkt.

Die Fahrt nach Hause

Nehmen Sie vorsichtshalber Handtücher und Papiertücher mit. Obwohl viele Züchter auch das Autofahren mit ihren Welpen üben, ist es sicherlich nicht so, dass Ihr Welpe schon ein routinierter Beifahrer ist. Ein erwachsener Hund sollte im Auto entweder mit einem Gurt gesichert sein oder in einer Transportbox transportiert werden. Aber stellen Sie sich vor, Sie werden aus Ihrer gewohnten Umgebung gerissen, mutterseelenallein in eine dunkle Box gesperrt und Ihnen wird dann auch noch schlecht? Kein guter Start für eine Beifahrerkarriere. Der Züchter wird den Welpen wahrscheinlich nicht füttern, bevor Sie ihn abholen, um ein Erbrechen zu vermeiden. Am besten nehmen Sie den Welpen auf den Schoß, die

Lassen Sie Ihren Welpen unterwegs nicht von der Leine.

Wirst Du mein neues Frauchen?

Schmusedecke und ausreichend Papiertücher dürfen dabei nicht fehlen. Tragen Sie für die Fahrt praktische Freizeitkleidung, die sich gut säubern lässt. Wie bei kleinen Kindern ist es auch bei kleinen Hunden, sie müssen sich an das Autofahren erst gewöhnen, vielen Welpen wird schlecht, manche schlafen durch das monotone Motorengeräusch sofort ein und andere sind völlig ungerührt und finden Autofahren von Anfang an prima.

Planen Sie auf Ihrer Fahrt ausreichend Pausen ein, damit Sie den kleinen Bully auch einmal auf die Wiese lassen können oder ihm etwas zu trinken anbieten können.

Wichtig! Lassen Sie Ihren Welpen in keinem Fall unterwegs von der Leine.

Die ersten Stunden im neuen Heim

Je nach Charakter verzieht Ihr neuer Mitbewohner sich erst einmal verschüchtert ins Körbchen oder fängt an sein neues Reich zu erkunden. Eins ist jedoch klar, für den kleinen Hund ist der Umzug eine total anstrengende Sache und wahrscheinlich wird er zuerst ein bisschen schlafen. Seien Sie deshalb nicht enttäuscht, wenn er nicht fröhlich durch Ihr Haus rennt und mit Ihren Kindern spielt. Er taut schon noch auf. Bei dem einen geht es schneller, ein anderer braucht etwas länger. Am besten setzen Sie den Kleinen als Erstes in sein Körbchen und zeigen ihm, wo das Wasser steht. Als Wassernapf ist ein Metallnapf besser geeignet als ein Plastiknapf. Plastiknäpfe werden gern benagt, leider entleert sich dabei auch immer der Inhalt und Welpe, Körbchen und Boden nehmen dann regelmäßig ein Vollbad. Für Ihren Welpen ist das sicher eine spaßige Angelegenheit, für Sie wahrscheinlich eher nicht.

Bieten Sie ihm Futter an, am besten nehmen Sie das Futter, das Ihnen der Züchter mitgegeben hat. Ihr Welpe kennt das Futter und Sie können sicher sein, dass er es auch verträgt. Wenn er nicht fressen will, ist das auch nicht schlimm, wahrscheinlich sind dann andere Sinneseindrücke im Moment wichtiger für ihn.

Stubenreinheit

Zunächst einmal muss Ihr Welpe eine ziemliche Anpassungsleistung vollbringen. Er muss verstehen lernen, dass die gesamte Wohnung und später auch alle Innenräume zu seinem Nest gehören. Bei der Stubenreinheitserziehung machen wir uns nämlich einen angeborenen Trieb des Hundes zunutze, den Nestreinhaltungstrieb. Hunde verschmutzen nicht gern ihr „Nest", dazu gehört zunächst die Wurfbox, die von der Mutter immer sorgfältig sauber gehalten wird, und später das Körbchen, die Decke oder der Hundeplatz. Ihre Aufgabe ist es, dem Welpen beizubringen, dass der gesamte Wohnbereich dazugehört. Bei manchen Hunden geht das so weit, dass sie nicht einmal im eigenen Garten lösen. Ich hatte einen Patienten, der nach einer Wirbelsäulenoperation nicht spazieren gehen durfte. Die Besitzer hatten aber vergessen, dass ihr Hund sich nicht im eigenen Garten löst, und brachten den armen Kerl im Notdienst zu mir, weil er keinen Urin absetzen konnte. Des Rätsels Lösung war, dass der Hund sich das Pinkeln einfach nur verkniffen hatte, weil er nicht in den eigenen Garten machen wollte.

Klar ist, die wenigsten Welpen sind stubenrein, wenn sie vom Züchter abgeholt werden. Der Züchter versucht natürlich die Welpen frühzeitig daran zu gewöhnen, ihr „Geschäft" draußen zu verrichten. Aber nun sind Sie gefragt. So gehen Sie vor:

Am besten hilft Ihnen genaue Beobachtung. Vor allem wenn der Bauch sich füllt, wird der Druck größer, d. h. es empfiehlt sich immer den Welpen nach dem Fressen ins Freie zu tragen. Wenn er sich dann hinsetzt, freuen Sie sich ausgiebig und loben den Kleinen, passiert gar nichts, ist das auch nicht schlimm. Die meisten Hunde schnüffeln auf dem Boden und machen den Rücken leicht rund, kurz bevor sie sich hinsetzen. Sollten Sie diese Verhaltensweise beobachten, tragen Sie den Welpen schleunigst ins Freie, Sie werden dabei natürlich aber nicht immer einen „Treffer" erzielen. Viele Welpen haben auch Vorlieben wie dunkle Ecken oder den besonders flauschigen Teppich, also Augen auf, wenn der Welpe sich in Richtung seines Pinkel- oder Kotplatzes bewegt, damit Sie das drohende Malheur verhindern können.

Ich muss mal …
… schnell nach draußen.

Ein treuer Blick aus Kulleraugen: Wer kann einem so süßen Welpen widerstehen?

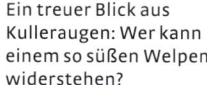

Auf jeden Fall hängt es wirklich von Ihrer Aufmerksamkeit ab, wie schnell Sie Ihren Welpen zu einem sauberen Hund erziehen. Im Grunde muss man einen Welpen ständig beobachten, denn je öfter er draußen erfolgreich war, desto einfacher wird es. Passiert ein Malheur, ohne dass Sie es gesehen haben, ignorieren Sie es, auch wenn Sie zuvor 20 Minuten in Eiseskälte im Regen mit Ihrem Welpen im Garten gestanden haben. Ihr Welpe versteht nicht, warum er für ein Ereignis gestraft wird, das in seinen Augen schon Jahre zurück liegt, und kann den Zusammenhang zwischen Strafe und Missetat auch gar nicht herstellen.

Beobachten Sie den kleinen Kerl jedoch beim Pinkeln oder Kotabsatz, sagen Sie laut „Nein" und tragen ihn sofort nach draußen.

Wichtig! In keinem Fall tunken Sie den Welpen mit der Nase in den Kot oder Urin! Ebenso wenig schütteln Sie ihn am Hals, wenn Sie eine Pfütze im Haus finden. Das sind völlig veraltete Strafen, die sinnlos sind und Ihren Welpen nur verstören, weil er sie nicht verstehen kann.

Der nächtliche Quälgeist

Ein Welpe muss ungefähr im Abstand von zwei Stunden auf die Toilette. Nun nützt es natürlich nichts, ihm tagsüber hinterherzulaufen und ihn nachts gewähren zu lassen. Deshalb lassen Sie den Welpen am besten nachts in einer Transportbox oder in einem großen Karton neben Ihrem Bett schlafen. Wenn er unruhig wird und sich durch Kratzen, Winseln oder Bellen meldet, gehen Sie sofort mit ihm an seinen Löseplatz. Sie müssen sich also darauf einstellen, dass Sie in dieser Phase der Reinheitserziehung nachts öfter mit Ihrem Welpen vor die Tier müssen. Manchmal stehen Sie natürlich auch vergeblich nachts im Regen. Dann helfen nur Gelassenheit und ein warmer Bademantel.

Tipp	**Stubenreinheit**

Je konsequenter Sie vorgehen, desto schneller wird Ihr Bully stubenrein sein. Am besten gehen Sie alle zwei Stunden mit ihm hinaus. Außerdem nach dem Aufwachen, nach dem Fressen, nach dem Spielen und abends, bevor Sie ins Bett gehen.

Die ersten Ausflüge

Ein Welpe kann noch nicht an der Leine laufen und wird sich bei Ihren ersten Versuchen zunächst auf seinen dicken Po setzen und Sie verständnislos ansehen, wenn Sie an der Leine zupfen. Die Leinenführigkeit funktioniert am besten wie beim Esel mit der Karotte. Wenn Sie dem Esel die Karotte vor die Nase halten, läuft er los. Am besten locken Sie Ihren Welpen mit einem Leckerli oder aber Sie lassen ihn hinter einem anderen Hund, den er kennt, hinterherlaufen. Zumindest kriegen Sie ihn dazu, sich an der Leine zu bewegen, und damit ist der erste Schritt getan. Lassen Sie sich und Ihrem Welpen unbedingt Zeit. Wenn Sie es eilig haben, nehmen Sie Ihren Bully auf den Arm und tragen ihn.

Wenn sich Ihr Welpe ein bisschen eingewöhnt hat, können Sie nach ca. vier bis fünf Tagen behutsam die ersten Ausflüge machen. Gehen Sie auch hier geduldig vor und machen Sie immer wieder Pausen, damit Sie Ihren kleinen Bully nicht überfordern. Nach und nach soll Ihr Kleiner seine nähere Umgebung, die Stadt, den Tierpark etc. kennen lernen.

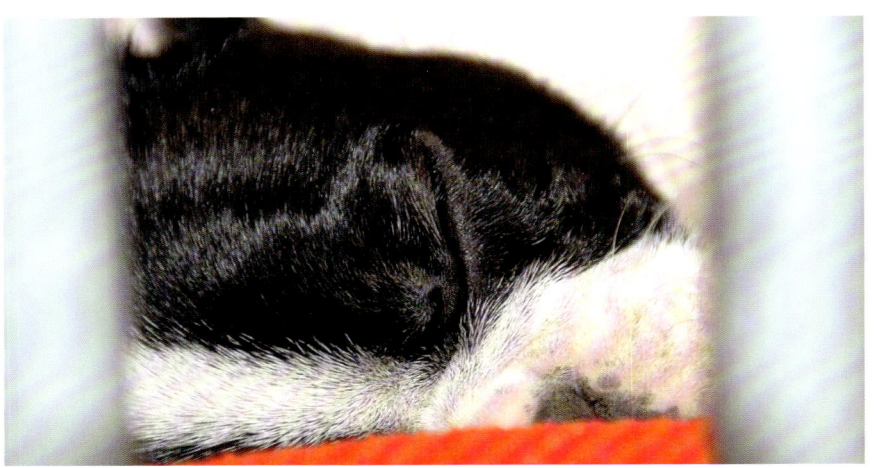

Völlig geschafft nach dem ersten Ausflug: Welpen brauchen Ruhephasen.

Welpengruppen

Welpenspielgruppen sind wichtig und unbedingt notwendig. Beim Züchter hatte der Welpe schon ausreichend Gelegenheit, sich im Spiel mit seinen Geschwistern und den erwachsenen Hunden im Rudel zu messen. Aber damit er zu einem gut sozialisierten Hund wird, der die Signale anderer Hunde richtig deuten kann, muss er auch unbedingt Kontakt mit anderen Hunderassen und vor allem Gleichaltrigen haben.

Welpenspielgruppen werden von örtlichen Hundevereinen, Hundetrainern, manchmal auch Tierärzten oder auch Züchtern angeboten. Fragen Sie Ihren Züchter oder Ihren Tierarzt danach. Auch das Internet ist eine wertvolle Informationsquelle. Bei dem Besuch der Welpenspielgruppe geht es in erster Linie darum, Sozialkontakte zu anderen Hunden zu ermöglichen. Ein erfahrener Trainer stellt die Gruppen nicht nur nach Alter, sondern auch nach Temperament zusammen. Kleine Bullys sind wie kleine Panzer und neigen dazu, andere Hunde platt zu walzen. Es kann Ihnen also passieren, dass Ihr „kleines Schlachtschiff" in eine Gruppe umgesetzt wird, in der größere oder auch ältere Hunde sind. Schließlich muss Ihr Welpe in so einer Gruppe auch seine Frustrationstoleranz üben und das bedeutet, dass man sich eben manchmal auch einem anderen Hund unterordnen muss, was Bullys oft schwerfällt. Für den frischgebackenen Hundebesitzer geht es in diesen Welpenspielgruppen ganz schön zur Sache, die Welpen schreien, quietschen und beißen sich wie im schönsten Hundekampf im alten Rom. Aber das sieht schlimmer aus, als es ist, und das

Welpen brauchen Erziehung durch erwachsene Hunde, auch wenn man sich manchmal auf Augenhöhe begegnet.

Schlimmste, was Sie tun können, ist, sich schützend vor Ihren Bully zu stellen, um ihn vor den anderen „bösen" Hunden zu bewahren. Wird ein Welpe gemobbt oder fühlt sich in einer Gruppe nicht wohl, wird ein erfahrener Trainer ihn in eine andere Gruppe umsetzen. Die Erfahrungen, die Ihr Welpe in der Welpengruppe macht, helfen ihm sich im Erwachsenenleben in der Hundewelt zurechtzufinden.

Der Welpe und die „Großen"

Natürlich werden Sie auf Ihren Spaziergängen anderen Hunden begegnen. Ihr Welpe wird begeistert auf alle zustürmen, was aber nicht immer unbedingt willkommen ist. Nicht alle erwachsenen Hunde sind so instinktsicher, dass sie einem Welpen nichts tun. Deshalb leinen Sie Ihren Welpen an und fragen zuerst einmal nach, ob ein Kontakt erwünscht ist. Auch wenn andere erwachsene Hunde nicht unbedingt ausgelassen mit Ihrem Welpen spielen und ihn vielleicht auch anknurren, ist das eine Erfahrung, die Ihr Baby auch machen muss. Da die täglichen Spaziergänge aber meistens einer gewissen Routine folgen und man häufig die gleichen Wege geht, kommt es auch immer zu den gleichen Hundebegegnungen. Es finden sich schnell Freundschaften unter den Hunden und manche Hundebesitzer verabreden sich dann sogar zum gemeinsamen Spaziergang. Das hat zwei Vorteile, Gesellschaft für den Vierbeiner und ein unterhaltsames Gespräch für den Zweibeiner. Dabei sollte man aber immer ein wachsames Auge auf den Vierbeiner haben, sonst macht der sich schnell aus dem Staub.

Im Spiel mit erwachsenen Hunden werden den Welpen Grenzen aufgezeigt.

Vom Welpen zum Hund

Die ersten vier Lebenswochen

Entwicklung der Welpen

Welpen können nur eines wirklich gut: riechen und kriechen. Mithilfe des Geruchssinns finden sie die Milchbar und kriechend bewegen sie sich fort. Mit ungefähr zwei Wochen öffnen sich die Augen und die Welpen können dann auch hören.
Die ersten zwei Wochen werden als neonatale Phase bezeichnet, die nächsten zwei Wochen als Übergangsphase.

Aufgaben des Züchters

Bei der Mutterhündin muss darauf geachtet werden, dass sie genug Milch hat, genug frisst und ausreichend mit Kalzium versorgt wird, das Lochialsekret (Ausfluss nach der Geburt) muss beobachtet werden. Die Welpen werden regelmäßig kontrolliert, gewogen und durch Streicheln und Hochnehmen an den Menschenkontakt gewöhnt. Außerdem werden der Nabel und der After regelmäßig geprüft.

Von der 5. bis zur 8. Woche

Entwicklung der Welpen

Diese Phase nennt man Sozialisierungsphase. In dieser Phase festigen sich Verhaltensmuster bei den Welpen und Erfahrungen, die sie jetzt machen, prägen sie für das spätere Leben. Sie bauen Bindungen auf, auch zu artfremden Individuen, wie z. B. dem Menschen.

Aufgaben des Züchters

In dieser Phase ist es wichtig, dass die Welpen viele Dinge kennenlernen, z. B. die Nachbarskatze, den Staubsauger, den Garten, das Auto und vieles mehr. Sie sollten möglichst vielfältige Umwelterfahrungen machen. Nun beginnt auch der Entwöhnungsprozess von der Mutter und die Welpen werden nur noch selten gesäugt.

Von der 9. bis zur 24. Woche

Entwicklung des Welpen

Mit neun Wochen ziehen die Welpen in ihr neues Zuhause. Mit seinem neuen Rudel macht der Welpe viele neue Erfahrungen und sollte auch in einer Welpengruppe angemeldet werden, um sein Sozialverhalten im Umgang mit Artgenossen zu festigen.

Aufgaben des Besitzers

Eine anstrengende Zeit liegt vor Ihnen. Ihr neugieriges Hundekind interessiert sich leider auch für Dinge, die es eigentlich nichts angehen, wie Schuhe, Brillen, Zierleisten, Gardinen, Tapeten und Blumentöpfe. Jetzt sind Sie als Besitzer gefordert, den Entdeckungsdrang Ihres Hundekindes in die richtigen Bahnen zu lenken.

Pubertät mit ca. 9 Monaten

Die Halbstarken

Das Kleinkind mausert sich zum Hund, der anderen gegenüber gern einmal die Muskeln spielen lässt. Rüden heben das Bein und beide Geschlechter stellen fest, dass es da noch etwas anderes gibt, als Spielen, Schnüffeln und Fressen.

Aufgaben des Besitzers

Jetzt ist es wichtig, Weichen zu stellen. Lassen Sie sich von Ihrem Bully nicht auf der Nase herumtanzen. Bewahren Sie Ruhe und bleiben Sie konsequent: Das Hormonchaos legt sich und Ihr Hund wird sich wieder an seine gute Erziehung erinnern, die bis dahin prima funktioniert hat.

Erwachsenenstatus ab 3 Jahre

Echte Persönlichkeiten

Der Bully ist jetzt erwachsen, aber immer noch für jeden Blödsinn zu haben. Eine echte Hundepersönlichkeit, bei der sich Verhaltensweisen gefestigt haben, die nur schwer wieder loszuwerden sind.

Gemeinsam durchs Leben

Sie haben manche Höhen und Tiefen miteinander erlebt. Jetzt haben Sie einen fledermausohrigen Freund, der sich jeder Lebenssituation anpasst und Sie bedingungslos liebt. Ein schönes Gefühl.

Senior ab ca. 8 Jahren

Graue Schnauzen

Der Bully wird alt und verlässt sein Sofa nur, wenn es sich wirklich lohnt. Er wird schwerfälliger, hört schlechter und schläft dementsprechend tief und fest. Manche Aufregung an der Haustür verschläft er einfach, wobei er auch früher nie ein penetranter Kläffer an der Tür war.

Rücksicht und Verständnis

Ihr Freund wird alt und vielleicht auch ein bisschen sonderlich. Drücken Sie bei manchen Eigenheiten einfach ein Auge zu. Er hat sein Leben lang im Rahmen seiner Möglichkeiten versucht, gehorsam zu sein und wird jetzt einfach langsamer. Zeigen Sie Verständnis und nehmen Sie Rücksicht auf Ihren alten Freund.

Sowohl Zwei- wie Vierbeiner haben bestimmte Vorlieben in der Ernährung. Prinzipiell sind Bullys gute Fresser und vertragen Trocken- und Dosenfutter gut. Aber sie neigen dazu, ein wenig Hüftgold anzusetzen, vor allem wenn sie zu wenig Bewegung haben. Wählen Sie deshalb mit Bedacht aus, was in den Futternapf kommt.

Fertigfutterarten und Snacks

Trockenfutter

Trockenfutter ist eine einfache Form, den Hund optimal zu ernähren. Es lässt sich leicht dosieren und ist bei kühler, trockener Lagerung bis zu zwölf Monate lagerfähig. Trockenfutter werden als feste, einheitliche Stücke (Pellets, Biskuits, Kroketten) oder als Gemische (Flockenmix) angeboten. Inhaltsstoffe sind neben Getreide und tierischen Bestandteilen je nach Rezeptur Hefe, Gemüse, Mineralien, Vitamine usw.

Ein gut gefüllter Napf bleibt bei einem Bully nie lang stehen.

Das Trockenfutter wird durch Backen oder im Extrusionsverfahren hergestellt. Im Extruder wird die Rohstoffmischung in einer Schnecke unter hohem Druck und ggf. mit Wasserdampf in verschiedene Formen gepresst (z. B. Kroketten). Durch die Erhitzung beim Backen oder Extrudieren werden Kohlenhydrate aufgeschlossen und dadurch besser verdaulich. Anschließend werden Vitamine und Lösungen aus Eiweißen oder Fetten aufgesprüht, um die Nährstoffe zu ergänzen bzw. den Geschmack zu verbessern.

Halbfeuchte Futter

Halbfeuchte Futter haben einen Wassergehalt von ungefähr 20 %. Als Ausgangsmaterial werden ähnliche Produkte verwendet wie bei Trockenfutter. Um den Verderb zu verhindern, werden konservierende Stoffe wie beispielsweise Propylenglykol, Zucker, Sorbate und Säuren zugesetzt. Mithilfe Wasser bindender Zusätze kann das Material plastisch geformt werden (Ringe, Würste, Würfel) und wird in Brockenform, in Klarsichtfolien verpackt oder in Wurstform angeboten. Halbfeuchte Futter sind heutzutage weniger beliebt und sind daher nicht weit verbreitet.

Feuchtfutter

Feuchtfutter wird heute nicht mehr nur in Dosen, sondern auch in Aufreißschalen und -behältern oder Folienbeuteln angeboten. Es enthält bis zu 80 % Wasser. Rohstoffe für Feuchtfutter sind tierischen Ursprungs (Muskelfleisch, Innereien und Organe, verarbeitete Geflügelteile), pflanzliche Eiweiße sowie stärkereiche Produkte (z. B. Reis). Die Ausgangsmaterialien werden entweder homogenisiert (fein gemixt) oder in Stücken verarbeitet. In manchen Produkten wird eine durch Geliermittel gebundene Flüssigkeit zugesetzt. Bei der Herstellung muss Feuchtfutter ausreichend erhitzt werden, um es haltbar zu machen.

Snacks

Snacks (Hundekuchen, Hundekekse, usw.) gibt es in zahlreichen Geschmacksrichtungen, Formen und Farben. Sie werden, vergleichbar mit Keksen für den Menschen, in einer Backstraße hergestellt.

Oft enthalten die Backwaren sehr viele Kalorien und sind einseitig zusammengesetzt. In kleineren Mengen können sie jedoch bedenkenlos als Belohnung verfüttert werden. Viele Snacks

Welpen fressen zu zweit meistens besser als allein.

Info   Keks und Kalorien

Für einen ca. 10 kg schweren Hund entspricht der Kaloriengehalt eines Kekses in etwa der Kalorienmenge, die ein Erwachsener zu sich nimmt, wenn er einen ganzen Hamburger oder eine Tafel Schokolade isst.

Leckerli als Belohnung sind auch bei Bullys sehr beliebt.

enthalten z. B. einen erhöhten Anteil an bestimmten Nährstoffen oder dienen der Zahngesundheit und sind daher eine sinnvolle Ergänzung zum gewohnten Futter. Aber Vorsicht: Gerade die angeblich so zahnfreundlichen Kauartikel enthalten oft sehr viel Zucker. Die Hunde mögen sie gern, werden dick und der Zahngesundheit ist damit überhaupt nicht gedient.

BARFen

„Biologisch artgerechte Rohfütterung für Hunde", das verbirgt sich hinter der Abkürzung „BARFen". Allerdings darf bezweifelt werden, ob diese Fütterung tatsächlich so artgerecht ist, wie sie sich den Anschein gibt. Die Maxime beim BARFen: Alles wird roh gefüttert, damit keine Vitamine und Mineralstoffe verloren gehen. Allerdings, so Originalzitat einer Professorin für Tierernährung: „BARFen ist ein nicht genehmigter Tierversuch." Tierärzte laufen Sturm gegen das BARFen, aber nicht weil sie alle von der Tiernahrungsindustrie „geschmiert" werden, sondern weil es tatsächlich eine Wissenschaft für sich ist, eine artgerechte Ration für einen Hund zusammenzustellen. Und wenn wir uns ansehen, wie viele Zutaten, Pülverchen und Vitaminmischungen bei dieser Fütterungsweise zugegeben werden müs-

sen, stellt sich doch die Frage, ob das Konzept nicht in erster Linie „nährreich" für die Hersteller der Zusatztinkturen ist. Außerdem gibt es zahlreiche wissenschaftliche Belege, dass BARFen vor allem bei Tieren im Wachstum zu bleibenden Schäden führen kann. Also wenn Sie meinen Rat möchten: Finger weg vom BARFen.

Was füttern?

Am besten füttern Sie das Futter, mit dem Sie und Ihr Hund gut zurechtkommen. Leider neigen viele Hundebesitzer dazu, die Fütterung wie eine Art Religion zu sehen, und haben einen Alleinvertretungsanspruch. Aber viele Wege führen nach Rom und es ist überhaupt nichts dagegen einzuwenden, den Hund mit Trockenfutter zu ernähren und ihm ab und zu Selbstgekochtes oder auch rohes Futter zu geben oder die Futterration mit Dosenfutter zu mischen. Auch Hunde mögen Abwechslung und freuen sich über ein paar kohlenhydratreiche Nudeln oder sie sind für eine Karotte oder ein Stück Gurke dankbar.

Die Futtermitteldeklaration

Sie gibt Ihnen prinzipiell Auskunft über den Inhalt der Dose oder des Beutels mit dem Trockenfutter oder der Snacks.

Begriffserklärungen

Alleinfuttermittel ist ein Futter, das den Ernährungsbedarf eines Hundes deckt. In der Regel gibt es weitere Angaben wie z. B. „Alleinfuttermittel für Hunde kleiner Rassen im Wachstum".

Ergänzungsfuttermittel decken den Ernährungsbedarf eines Hundes nicht und müssen mit anderen Futtern kombiniert werden.

Zusammensetzung

In der Zusammensetzung sind die Zutaten aufgelistet und zwar in absteigender Menge, d. h. diejenige Zutat, die zuerst genannt wird (beispielsweise Geflügelfleisch) ist auch mengenmäßig der Hauptbestandteil des Futters. Ganz am Schluss werden meistens Kräuter, Gewürze und Mineralstoffe genannt.

Nebenerzeugnisse

Pflanzlich und tierisch Sie müssen laut Futtermittelgesetz nicht deklariert werden, d. h. die Angabe „tierische und/ oder pflanzliche Nebenerzeugnisse" muss nicht näher erläutert werden. Das ist besonders bei Unverträglichkeiten oder Allergikern nicht so toll, denn wir wissen nicht, was dieses Futter tatsächlich enthält. Es gibt allerdings einige wenige Firmen, die freiwillig ihre Nebenerzeugnisse deklarieren. Fragen Sie Ihren Tierarzt, er kennt diese Firmen.

Analytische Bestandteile

Die Futtermittelanalyse nach Weender (auch Konventionsanalyse genannt) ist das Standardverfahren zur Ermittlung der Inhaltsstoffe von Futtermitteln. Es wird nach Rohasche, Rohfaser, Rohprotein, Rohfett und stickstofffreien Extraktstoffen (NfE) unterschieden; die Ergebnisse sind meistens auf die Trockenmasse, seltener auf die Frischmasse bezogen.

100 % = Wasser + Rohasche + Rohfaser + Rohprotein + Rohfett + NfE (alle Angaben in % Frischmasse)

Trockenmasse

Die Futterprobe wird bis zur Gewichtskonstanz bei einer bestimmten Temperatur getrocknet. Die Dauer und die Temperatur (~103–105°C) sind dabei abhängig vom Futtermittel. Durch diesen Prozess wird der Probe das Rohwasser entzogen (aber auch flüchtige organische Verbindungen: Ammoniak, Alkohole, Essigsäuren). Der Rückstand ist definiert als der Gehalt an Trockenmasse in der Probe. In dieser Trockenmasse befinden sich die essenziell verwertbaren Nahrungsbestandteile wie Eiweiße, Fette etc.

Rohasche

Zur Ermittlung des Rohaschegehaltes wird die Probe in einem Muffelofen auf 550° C erhitzt. Dadurch werden alle organischen Bestandteile vermuffelt (verbrannt) und der Rückstand ist der Gehalt an Rohasche. Das sind abhängig von der Probe v. a. Mineralstoffe und Sand. Der Wert Gesamtmasse des Futtermittels abzüglich des Werts der Rohasche ist die organische Masse (OM). Die organische Masse setzt sich aus Rohprotein, Rohfaser, Rohfett und NfE zusammen.

Organische Masse

Rohfett Der Rohfettgehalt ist der Teil des Futtermittels, der sich in Fettlösungsmitteln wie beispielsweise Petrolether löst.

Rohprotein ist die Summe aller Verbindungen, die Stickstoff enthalten. Meistens wird zur Bestimmung des Anteils zunächst der Stickstoffgehalt der Probe ermittelt. Anschließend wird das Ergebnis mit einem Faktor multipliziert, der den reziproken Wert des typischen Stickstoffgehaltes von Rohprotein darstellt. Dieser beträgt üblicherweise 6,25 (pflanzliches Protein) bzw. 6,38 (tierisches Protein) – man geht von einem mittleren Stickstoffgehalt des Rohproteins von 16 % (Pflanze) bzw. 15,7 % (Tier) aus. Der Anteil des wirklich verwertbaren Rohproteins wird als „vRP" bezeichnet.

Rohfaser Unter „Rohfaser" ist derjenige Anteil eines Futtermittels zu verstehen, der nach Behandlung mit verdünnten Säuren und Laugen als „unverdaulicher" Bestandteil zurückbleibt. Hauptbestandteil dieser Stoffklasse ist die Zellulose. Rohfaser darf nicht mit Ballaststoffen gleichgesetzt werden, da diese nur zu ca. einem Drittel aus Zellulose bestehen und noch viele andere unverdauliche Komponenten enthalten.

Vielseitig verwendbarer Apfel, zuerst als Ball, dann als Mahlzeit

Stickstofffreie Extraktstoffe (NfE)
Der NfE-Gehalt wird durch Berechnung bestimmt: Von der organischen Masse werden Rohfett, Rohprotein und Rohfaser abgezogen, der Rest ist NfE. Dies sind z.B. lösliche Zucker, Stärke, Pektine und organische Säuren. Auch das Lignin ist in der NfE enthalten, da Lignin sich in der Laugenlösung bei der Bestimmunng der Rohfaser löst.

Zusatzstoffe Werden nach Funktion und Eigenschaften unterschieden. Es können ernährungsphysiologische Zusätze wie Vitamine und Mineralien sein oder z.B. herstellungsbedingte Zusatzstoffe wie Konservierungsstoffe. Geruchs- und Geschmacksstoffe oder Farbstoffe sind sensorische Zusatzstoffe.

Fazit
Das Futtermittelrecht schreibt eine genaue Auflistung des Inhalts der einzelnen Futtermittel vor. Diese Auflistung zu verstehen ist eine andere Sache. So ist Rohprotein z.B. nicht gleich Rohprotein, es kommt auch immer darauf an, ob es gut verdaulich ist oder nicht. Daher verlassen Sie sich lieber auf Fertigfutter zur Ernährung Ihres Hundes, als selbst zu kochen und Vitaminpülverchen zuzumischen, und variieren Sie den Speiseplan durch Extrahappen oder Frischfleisch und Gemüsetage.

Wie oft füttern?

Der Züchter gibt Ihnen sozusagen als Starterpaket für Ihren Welpen einen Futterplan und etwas Futter für die ersten Tage mit. Wenn irgendwie möglich, versuchen Sie sich in den ersten Tagen an die Anweisungen des Züchters zu halten. Meistens werden junge Hunde bis zum Alter von ungefähr einem halben Jahr dreimal täglich gefüttert. Wann Sie füttern, hängt davon ab, wie sich Ihr Lebensrhythmus gestaltet. Stehen Sie morgens um 5:00 Uhr auf und gehen abends um 21:00 Uhr zu Bett, macht es wenig Sinn, den Welpen erst um 20:00 Uhr das letzte Mal zu füttern. Das wird Ihnen und Ihrem Bully nur eine unruhige Nacht bescheren, denn Ihr Welpe wird Sie sicher nachts wecken, weil er ein Häufchen machen muss.

Im Alter von einem halben Jahr können Sie auf eine zweimal tägliche Fütterung umstellen und entweder dabei

Dieser Blick ist deutlich: „Ich habe Hunger!"

bleiben oder später nur noch einmal täglich füttern. Das hängt von Ihrem Lebensrhythmus und den Vorlieben Ihres Hundes ab. Bullys sind meistens gute Fresser, aber gerade als Einzelhunde haben sie keine Futterkonkurrenz und können schon mal mäkelig werden.

Wichtig! Geben Sie kein Futter zur freien Verfügung. Wenn Ihr Bully seine Schüssel nicht nach ca. 10 Minuten leer gefressen hat, nehmen Sie das Futter wieder weg. Nach dem Fressen soll Ihr Hund eine Ruhepause einlegen.

Meine Fütterungsempfehlung

Meine Empfehlung lautet ganz klar: Fertigfutter, ob Trocken- oder Dosenfutter oder beides gemischt, hängt von Ihrem Geldbeutel und den Vorlieben Ihres Hundes ab. Egal was Sie füttern, machen Sie kein Dogma daraus und lassen Sie sich nicht von den „Futterexperten" verwirren, die Ihnen begegnen. Grundsätzlich ist jeder Hundebesitzer ein Fütterungsexperte und mit dogmatischer Hartnäckigkeit werden vor allem Welpenbesitzer und Ersthundebesitzer missioniert. Hören Sie sich die Ratschläge an und fragen Sie im Zweifelsfall den wirklichen Fachmann, den Tierarzt. Lassen Sie sich auch nicht verwirren,

wenn Besitzer anderer Rassen Ihren Bully zu dick finden. Bullys haben einen anderen Körperbau als z. B. ein Dackel und sind sehr muskulös. Durch ihren breiten Schultergürtel wirken sie oft sehr massig und dick, obwohl sie normalgewichtig sind. Das Standardgewicht für eine Französische Bulldogge liegt zwischen acht und 14 kg. Daran sehen Sie, dass innerhalb der Rasse schon Gewichtsschwankungen vorprogrammiert sind, und es ist natürlich klar, dass eine zierliche Hündin weniger wiegt als ein durchtrainierter, massiger Rüde.

Wenn der Napf leer ist, wird noch der Boden geputzt.

Auf dem Sofa schmeckt der Kauknochen noch besser.

Blähungen

Blähungen sind bei Bullys ein Problem und können ganz schön einsam machen. Will sagen, Bullys pupsen wie verrückt und können gemütliche Runden sprengen, indem sie unter dem Tisch üble Gerüche verbreiten. Das ist leider ein häufiges Problem bei Bullys und unsere Freunde behaupten, wir hätten uns bereits an den Geruch gewöhnt, denn ich rieche meistens nichts. Spaß beiseite, man kann diese Abgasproduktion aber durch eine Futterumstellung in den Griff bekommen. Den Stein der Weisen gegen die Ausdünstungen habe ich auch nicht parat. Allerdings gibt es einige Regeln: Alle kohlhaltigen Lebensmittel blähen, genauso wie milchzuckerhaltige Produkte, die zusätzlich auch noch eine abführende Wirkung haben. Ebenso sind Leguminosen (Hülsenfrüchte wie Erb-sen, Bohnen etc.), Sojabohnen und ein hoher Fettanteil in der Nahrung Abgas fördernd. Viele Hundefutter enthalten unglaubliche Mengen an Eiweiß, aber viel ist nicht immer gut. Die Proteinverdauung kann den Hundedarm überfordern, es vermehren sich gasbildende

> **Tipp** | **Richtig füttern**
>
> - Hochwertiges Fertigfutter verwenden
> - Fütterungszeiten beachten
> - Immer frisches Trinkwasser zur Verfügung stellen
> - Nach dem Füttern ruhen
> - Belohnungshäppchen und Kauartikel in die Futtermenge einrechnen
> - Keine Futterzusätze
> - Futter- und Wassernäpfe täglich reinigen
> - Kein Futter zur freien Verfügung
> - Mit Kauknochen nicht allein lassen

Bakterien, die dazu führen, dass der Darm mehr Flüssigkeit ausscheidet, um die Giftstoffe zu verdünnen, was zu Durchfall, aber eben auch Blähungen führt. Manchmal verursacht Trockenfutter weniger Blähungen als Dosenfutter. Leider werden die pflanzlichen Nebenprodukte von den meisten Herstellern nicht deklariert, aber genau in diesen sind häufig blähende Futterzutaten versteckt.

Kauknochen

Bei diesem Thema schlagen zwei Herzen in meiner Brust. Das Tierarztherz sagt, Kauknochen sind gut, reinigen die Zähne, beschäftigen den Hund und massieren das Zahnfleisch. Bitte nicht die zuckerhaltigen Dentalsticks aus dem Supermarkt verwenden.

Das Bully-Züchterherz sagt, speziell bei Bullys ist bei Kauknochen Vorsicht geboten. Bullys neigen zu starker Schleimbildung im Kehlkopf und gerade diese Kauknochen fördern die Schleimbildung schon immens. Außerdem neigen Bullys dazu, den Knochen an einem Stück herunterzuschlucken, und das kann zu Erstickungsanfällen und üblen Darmblockaden führen. Besser geeignet sind die extrem harten Kauknochen aus Nylon, in die ein Rohhautring in der Mitte eingelegt werden kann. Sie sind nahezu unverwüstlich und durch den Rohhautring werden die Hunde immer wieder zum Kauen angeregt. Außerdem werden sie nicht so „glibberig" beim Kauen und hinterlassen weniger Flecken auf dem Teppich.

Bullys nagen gern. Besser als Stöckchen sind die extrem harten Nylonknochen. Sie reinigen und pflegen das Gebiss.

Die Bully-Backstube

Herberts Käsekekse

In der Weihnachtsszeit werden bei uns immer riesige Mengen Kekse gebacken, allerdings nicht für die Zweibeiner, sondern für die Vierbeiner unserer Bully-Freunde. Mein Mann steht dann tagelang vor dem Ofen und produziert Ausstecherle. Dieses Weihnachtsgeschenk ist natürlich auch schon im Magen so manches Zweibeiners gelandet, weil er gedacht hat, die Plätzchen seien für Menschen. Kommentar: „Die sind aber etwas fad." Aber bei den Bullys sind die Plätzchen heiß begehrt.

Das brauchen Sie:

1 Tasse (entspricht 240 ml) Vollkornmehl
1 Tasse Weißmehl
1/4 Tasse Maismehl
1/2 Tasse geriebener Parmesan
1 großes Ei
3/4 Tasse Wasser

Und so wird's gemacht:

Backofen auf 160° C Grad vorheizen. Alle Zutaten zu einem Teig verkneten. Auf einem bemehlten Brett ausrollen und mit etwas geriebenem Parmesan bestreuen. Mit Plätzchen-Ausstechern kleine Kekse ausstechen. Auf einem mit Backpapier ausgelegten Backblech ca. 30 Minuten (oder so lange, bis die Plätzchen leicht gebräunt sind) backen. Fertig, lecker!

Bullys Sommerfrische

In der heißen Jahreszeit ist bei den hitzeempfindlichen Bullys jede Abkühlung willkommen, da bietet sich die Produktion von Bully-Eis an. Das geht schnell und ist sehr beliebt.

Das brauchen Sie:

Ca. 800 g fettarmer Naturjoghurt
2 zerdrückte Bananen
1/2 Tasse Erdnussbutter (alternativ etwas Walnussöl)
2 Teelöffel Honig
Mehrere Plastikbecher für Grillpartys

Diese Menge ergibt ungefähr zehn Portionen, wenn man die Plastikbecher nicht ganz füllt.

Und so wird's gemacht:

Alle Zutaten im Mixer zu einer glatten Masse verrühren. Portionsweise in Plastikbecher füllen und mindestens für zwei Stunden im Tiefkühlgerät einfrieren.
Etwas antauen lassen und aus dem Plastikbecher herausdrücken und im Napf oder im Garten servieren.

Spinatknochen

Zum Schluss die „light"-Variante für die „Prinzenrollen", die Spinatknochen:

Das brauchen Sie:

2 Tassen TK-Spinat (kleingehackt)
2 Teelöffel Apfelmus
1/4 Tasse fettarmer Hüttenkäse
3 Tassen Mehl
1/2 Teelöffel Backpulver

Und so wird's gemacht:

Backofen auf 170° C vorheizen, Spinat auftauen lassen und mit Hüttenkäse im Mixer verrühren, Mehl und Backpulver hinzugeben, bis ein glatter Teig entsteht, eventuell können Sie noch etwas Wasser zufügen.

Falls der Teig zu klebrig ist, noch etwas Mehl hinzugeben, bis sich der Teig gut ausrollen lässt. Teig auf einem bemehlten Brett ausrollen und entweder mit dem Messer Vierecke oder Rauten schneiden oder verschiedene Formen mit Teigausstechern ausstechen. Auf ein Backblech mit Backpapier legen und 20 bis 25 Minuten backen, bis die Plätzchen an der Oberfläche leicht braun werden. Wenn die Plätzchen besonders hart werden sollen, bei 60° C noch ungefähr eine Stunde im Ofen lassen.

Die Spinatknochen sind gesund und kalorienarm, auch wenn die Kombination aus Spinat und Apfelmus für uns vielleicht etwas seltsam klingt.

Die Französische Bulldogge stellt keine großen Pflegeansprüche, aber ein bisschen Schönheitspflege, die gleichzeitig auch Gesundheitsvorsorge ist, muss sein. Das Wellness-Programm beschränkt sich auf zwei- bis dreimal pro Woche bürsten, Falten pflegen und Ohren putzen. Und fertig ist der schicke Bully.

Fellpflege

Als Besitzer eines kurzhaarigen Hundes brauchen Sie sich um Pflegemaßnahmen wie Scheren, Trimmen, Baden, Föhnen keine Gedanken zu machen.

Aber auch kurzhaarige Hunde verlieren Haare und je nachdem, ob sie einen dunklen, einen Schecken oder einen fauven Hund haben, werden Sie auch die entsprechenden Haare in Ihrer Wohnung und auf Ihrer Kleidung finden. Eine weiche Bürste oder ein Gummihandschuh mit Noppen, der die Haare quasi magnetisch anzieht, reicht für die Fellpflege des Bullys aus.

Die Hunde haben nicht viel Unterwolle, aber im Fellwechsel im Frühjahr und Herbst stoßen sie vermehrt Haare ab. Die abgestorbenen Haare verleihen dem Fell ein stumpfes Aussehen und der Einsatz eines Noppenhandschuhs beseitigt das Problem rasch. Gehen Sie dabei behutsam vor und üben Sie das Bürsten von Anfang an mit Ihrem Bully-Welpen. Die meisten Bullys genießen die Bürstenmassage und lassen sie sich gern gefallen.

Einmal schütteln und schon sitzt die Frisur. Bullys sind pflegeleichte Hunde.

Faltenpflege ist beim Bully ein Muss.

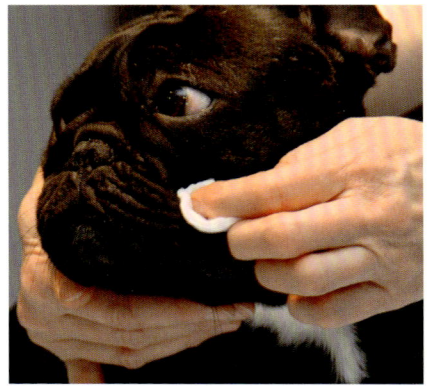
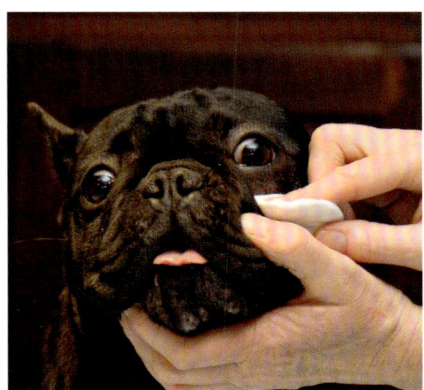

Ein Bad ist eigentlich nur nötig, wenn Ihr Bully beschließt, sich in ein Erdferkel zu verwandeln. Nicht alle Bullys haben diesen Drang, aber wenn sie ihn haben, lassen sie keine Gelegenheit aus, sich in Dreckkuhlen, toten Fischen oder sonstigem Unrat zu wälzen und ihn dann möglichst hinterher auch noch zu verspeisen. In solchen Fällen reicht klares Wasser nicht mehr aus. Ein Bad ist nötig.

Welches Shampoo ist das richtige?

Grundsätzlich sollte man Hunde immer mit Hundeshampoo waschen. Selbst Babyshampoo ist für die Hundehaut ungeeignet. Am besten eignen sich medizinische, rückfettende Shampoos, die Sie beim Tierarzt bekommen. Die meisten Shampoos aus dem Versandhandel oder dem Zoogeschäft sind parfümiert. Das gefällt dem Zweibeiner vielleicht, aber dem Vierbeiner gar nicht, denn für seine Nase stinkt das Zeug und er versucht es dann möglichst schnell durch ein weiteres Dreckbad loszuwerden. Abgesehen davon haben die Parfüm- und Silikonzusätze einen eher negativen Einfluss auf das Mikroklima der Hundehaut. Hundehaut ist wesentlich empfindlicher als Menschenhaut, denn der pH-Wert ist fast neutral, deshalb bietet sie Bakterien ein wesentlich besseres Klima als die Menschhaut mit ihrem niedrigen pH-Wert. Genau das ist auch der Grund, warum Hunde wesentlich häufiger unter bakteriell bedingten Hautentzündungen leiden als der Mensch.

Von Kopf bis Fuß

Der Bully-Kopf ist der pflegeintensivste Körperteil Ihres Hundes.

Ohrenpflege

Bully-Ohren sind im inneren Gehörgang zwar nur wenig behaart, deshalb neigen Bullys nicht besonders zu Ohrschmalzbildung, aber die Fledermausohren fangen wie kleine Trichter Dreck, Staub, Grassamen und allerlei andere Dinge ein und müssen deshalb regelmäßig gereinigt werden. Den äußeren Teil des Gehörgangs und die Ohrmuschel reinigt man am besten mit feuchten Babytüchern, die man sich um den Finger wickelt oder zu einer kleinen Rolle formt und damit vorsichtig den sichtbaren Gehörgang auswischt. Aber gerade wegen der Trichterfunktion landet auch so manches Dreckklümpchen tiefer im Gehörgang

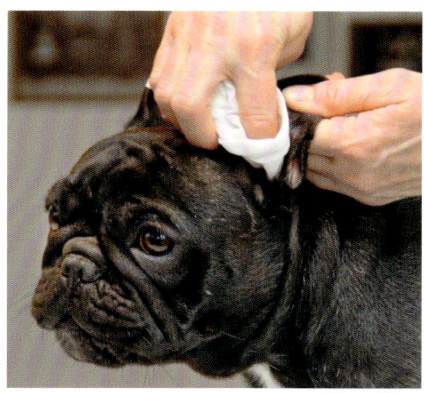 

Links: Ohrenpflege
Rechts: Augenpflege

und den erreicht man weder mit dem Finger noch mit den beliebten Wattestäbchen. Es hat also keinen Zweck, mit einem Wattestäbchen im Gehörkanal herumzustochern, den inneren Teil des Gehörgangs muss man mit flüssigen Ohrreinigern behandeln. Eine Prozedur, die zumindest bei meinen Hunden auf wenig Freude stößt, aber sie müssen es trotzdem gelegentlich über sich ergehen lassen. Diese Technik lassen Sie sich am besten zunächst vom Tierarzt zeigen. Der flüssige Ohrreiniger wird nach dem Einbringen in den Gehörgang vom Hund wieder herausgeschüttelt. Daher empfiehlt es sich, die Ohrreinigung besser draußen oder im Bad vorzunehmen.

Faltenpflege

Da zwischen den Gesichtsfalten Tränensekret abläuft und Falten, die aufeinander liegen, wenig Luft an die Haut lassen, müssen die Gesichtsfalten unbedingt mindestens wöchentlich kontrolliert werden. In den Falten sammeln sich immer ein bisschen festgetrocknetes Tränensekret, Staub und Dreck an, deshalb werden sie genau wie die Ohren am besten mit feuchten Babytüchern ausgewischt. Sind die Falten entzündet, verwendet man ein biss-

chen milde Wundsalbe und cremt sie damit ein. Unsere Hunde sehen dann immer aus wie Indianer mit Kriegsbemalung, denn die weiße Creme hinterlässt helle Streifen auf dem dunklen Hundekopf. Nicht alle Bullys haben Schmutz in den Falten, das ist individuell sehr unterschiedlich. Manche brauchen fast gar keine Faltenpflege, andere wiederum jeden zweiten Tag.

Augenpflege

Bully-Augen sind empfindlicher als die Augen von langnasigen Hunden. Die Augen stehen weiter aus dem Kopf hervor und manche Bullys leiden unter wiederkehrenden Hornhautentzündungen (siehe dazu mehr im Kapitel Gesundheit ab S. 88).

Im Grunde werden die Augen bei der Faltenpflege ja sowieso mit kontrolliert. Hierbei achtet man gleichzeitig auf Verklebungen der Lider und festgetrocknetes Tränensekret, das mit den beliebten Babytüchern leicht entfernt werden kann. Aber Achtung, sind die Augen gerötet, ist das Tränensekret eitrig oder kneift Ihr Bully die Augen zu, versuchen Sie bitte nicht selbst „herumzudoktern", sondern gehen sofort zum Tierarzt. Durch die richtige Diagnose können Sie Schlimmeres verhindern.

Die spitzen Krallen von Welpen müssen gekürzt werden.

Pediküre

Wie bei allen Hunden, die sich bewegen, nutzen sich auch die Bully-Krallen durch den Kontakt mit harten Böden ab. Lediglich die Daumenkralle hat keinen Kontakt mit dem Boden und kann bei Bullys auch krumm wie ein Haken wachsen. Diese Kralle sollte regelmäßig gekürzt werden, damit Ihr Hund nicht hängen bleibt und sich verletzt. Bedenken Sie, dass eine Kralle nicht nur der überstehende Teil des Nagels

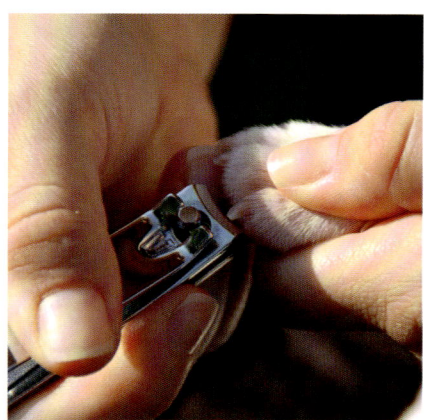 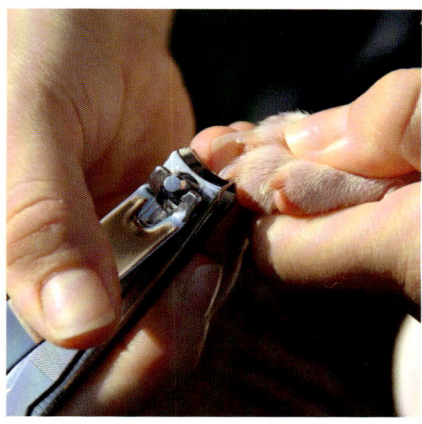

Beim Kürzen vorsichtig mit dem Nagelklipper nur die Spitze kappen, damit das Blutgefäß in der Kralle nicht verletzt wird.

ist, sondern eine Kralle ist hohl und in ihr steckt wie in einer Tüte noch der knöcherne Teil des letzten Zehengliedes. Kürzt man die Kralle also zu sehr, schneidet man in den Knochen, zumindest aber in die versorgenden Blutgefäße und es blutet fürchterlich.

Meiner Erfahrung nach tendieren fast 100 % der Besitzer dazu, Krallen zu sehr zu kürzen, das tut den Hunden weh und nach dieser Erfahrung machen manche Französische Bulldoggen beim Krallenschneiden einen Aufstand. Auch hier fragen Sie im Zweifelsfall bitte den Tierarzt. Er gibt Ihnen gern Auskunft, wie weit Sie schneiden dürfen.

Zahnpflege

Durch den rassetypischen Vorbiss und den kurzen Gesichtsschädel haben Bullys manchmal eine sog. Kulissenstellung (d. h. leicht schiefe Zähne) und dadurch geht die sog. Selbstreinigungskraft des Gebisses verloren. Allerdings frage ich mich manchmal, wo die bei anderen Kleinhunderassen mit einer langen Schnauze bleibt, die auch oft unter massiver Zahnsteinbildung leiden. Ein gutes Gebiss und gesunde Zähne sind auch für eine Französische

Bulldogge wichtig und nicht nur für einen Gebrauchshund. Die Bildung von Zahnstein und Parodontose ist nicht nur ein Merkmal bestimmter Hunderassen, sondern hängt auch stark von der Fütterung ab. Trockenfutter reinigt das Gebiss natürlich viel besser als das Weichfutter, das manche Hunde nicht einmal kauen. Aber Vorsicht: Auch manche sehr kleine Trockenfutterkroketten werden von vielen Hunden nur heruntergeschluckt. Was also tun?

Viele Zahnreinigungsknochen bzw. -streifen oder andere Produkte enthalten sehr viel Zucker und machen die Hunde dick, andere Produkte wiederum fördern die Schleimbildung und führen zu Erbrechen von Schleim gerade beim Bully. Ich bin ein großer Fan von Nylonknochen, in die man Kauringe aus Rohhaut oder anderen Materialien einlegen kann, damit sie interessant schmecken. Diese Knochen sind nahezu unverwüstlich, werden von den meisten Hunden gemocht und es besteht nicht die Gefahr, dass zu große Stücke zu Blockaden im Kehlkopf und zu Erstickungsanfällen führen. Sie sind auch besser als Stöckchen, die abbrechen und zu Verletzungen am Kehlkopf führen können.

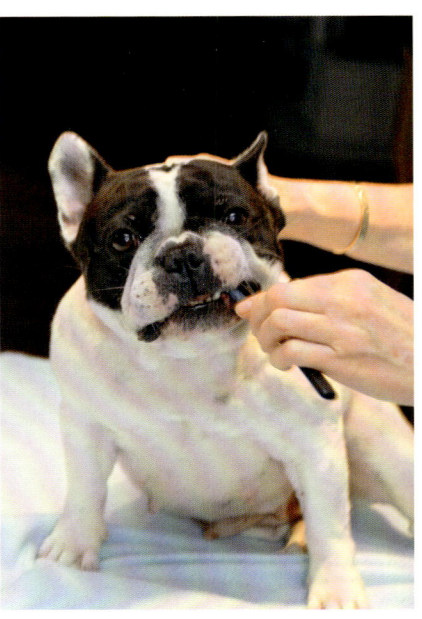

Zähne putzen ist bei Bullys nicht sonderlich beliebt. Aber mit etwas Training klappt es gut.

Zähne putzen

Zahnpflege ist auch für Ihren Bully sinnvoll. Und es spart eine Menge Geld. Bei vielen Hunden werden einmal jährlich Zahnstein und Parodontose in Vollnarkose behandelt. Erstens kostet das viel Geld und zweitens ist jede Vollnarkose mit einem Gesundheitsrisiko verbunden, daher lohnt die Anschaffung einer Hundezahnbürste und

Hundezahnpasta auf jeden Fall. Zahnbürsten und -paste gibt es überall, nicht nur beim Tierarzt zu kaufen und am besten trainiert man das Zähneputzen bereits im Welpenalter. Man lässt den Welpen spielerisch auf der Zahnbürste herumbeißen und schiebt sie ihm ab und zu ins Maul. Hundezahnpasta schäumt nicht und riecht auch nicht nach Pfefferminz. Es gibt sie in ganz verschiedenen Geschmacksrichtungen und die meisten Hunde mögen sie recht gern.

Natürlich müssen Sie nicht nach jedem Hundekeks Zähne putzen, aber einmal täglich wäre zu empfehlen. Kommen Sie mit einer Zahnbürste nicht zurecht, eignen sich Mikrofaserfingerlinge, die Sie über den Zeigefinger streifen und dann mit dem Zeigefinger gut an den Backenzähnen entlangfahren können; das hat den Vorteil, dass Sie Ihrem Bully nicht das Maul öffnen müssen, manche Hunde mögen das nicht so gern.

Tipp | Zähne zeigen üben

Üben Sie das Zähnezeigen mit Ihrem Hund von klein auf. Ihr Tierarzt wird es Ihnen danken. Ich habe schon viele Hunde in Vollnarkose legen müssen, die einen verkeilten Kauknochen zwischen den Backenzähnen stecken hatten, weil sie sich nicht ins Maul greifen ließen. Das Problem wäre mit einem Griff erledigt gewesen, aber wenn der Hund das nicht toleriert, ist auch der Tierarzt machtlos.

Popflege

Da die Rute beim Bully erstens tief angesetzt und zweitens schlecht beweglich ist, kann es zu Kotverschmutzungen um den After kommen. Diese Verschmutzungen entstehen vor allem auch deshalb, weil der Bully sich mit seinem walzenförmigen Körper und dem relativ kurzen Hals meistens nicht selbst die Analregion sauber lecken kann. Vor allem, wenn der Kot etwas weich ist, kommt es hin und wieder zu Kotanhaftungen am After. Zur Reinigung eignen sich auch hier wieder die Vielzweck-Babytücher.

Wie alle Hunde haben auch Französische Bulldoggen seitlich neben dem After zwei kleine Beutel, in denen sich ein stinkendes, nach Fisch riechendes Sekret befindet, die Analdrüsen. Die Analdrüsen dienen der Kommunikation und entleeren ihr Sekret beim Kotabsatz. Manchmal verstopfen die Ausführungsgänge dieser Drüsen oder aber das ansonsten dünnflüssige Sekret dickt ein und der Beutel füllt sich immer weiter. Das führt zu Juckreiz und der Bully rutscht dann auf seinem Hintern durch die Gegend. Nun ist es an der Zeit, die Analdrüsen zu kontrollieren oder auszudrücken. Gerade beim Bully gestaltet sich diese Prozedur durch den tiefen Rutenansatz manchmal etwas schwierig, deshalb sollten Sie sich den Vorgang von Ihrem Tierarzt zeigen lassen, ehe Sie sich bei Ihrem Bully selbst daran wagen.

Bei Rüden kann gelegentlich Ausfluss vorkommen.

Vorhautkatarrh

Die meisten Rüden, egal ob Bully oder andere Rassen, zeigen hin und wieder einen grünlichgelblichen Ausfluss aus der Vorhaut. Dieser Vorhautkatarrh hat viele Ursachen, vor allem aber ist es eine leichte bakterielle Infektion, die gerade bei unkastrierten Hunden häufig auftritt. Da sich die meisten anderen Hunderassen an der Vorhaut lecken können, aber nur wenige Bully-Männer so gelenkig sind, dass sie das schaffen, fällt dieser Zustand bei Bullys besonders auf. Deshalb gehört zum Pflegeprogramm auch ein Blick auf das „beste Stück" Ihres Bully-Rüden und gegebenenfalls eine Reinigung mit Babytüchern.

Französische Bulldoggen aus einer guten Zucht sind gesünder als ihr Ruf. Aber neben dem guten Grundgerüst fürs Leben, das Ihr Hund von einem verantwortungsvollen Züchter bekommt, können Sie als Besitzer auch viel für die Gesunderhaltung und die Krankheitsprophylaxe bei Ihrer Bulldogge tun.

Krank oder gesund?

Neben den rassespezifischen Erkrankungen, die weiter hinten in diesem Kapitel beschrieben werden, kann sich eine Französische Bulldogge beispielsweise die Pfote aufschneiden, eine Halsentzündung haben, unter Durchfall leiden oder auch an einem Tumor erkranken. Deshalb ist es wichtig, Erkrankungen frühzeitig zu erkennen und dann schnell zu reagieren, damit Schlimmeres verhindert werden kann. Auch wenn ich es natürlich lieber sehe, wenn alle Besitzer bei den ersten Krankheitsanzeichen gleich zu mir in die Praxis kommen, reicht manchmal der gesunde Menschenverstand, um zu beurteilen, ob ein Hund gesund oder krank ist.

Gesunde Welpen tollen bei jeder Gelegenheit herum.

Beobachten Sie das Verhalten Ihres Hundes: Ist er anders als sonst, sondert er sich ab, liegt lethargisch im Körbchen, erbricht sich, oder pinkelt er ständig? Hustet oder würgt er, hechelt er vermehrt? Alle Abweichungen vom normalen Verhalten können Anzeichen für Erkrankungen sein.

Info | Tierarztbesuche

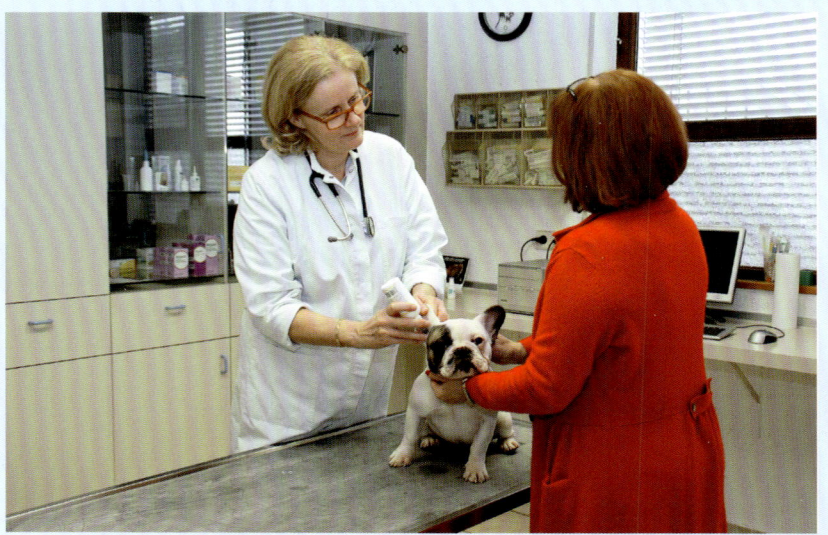

Bei diesen Symptomen sollten Sie sofort zum Tierarzt gehen:
> Anhaltender Durchfall mit und ohne Erbrechen bzw. anhaltendes Erbrechen mit und ohne Durchfall
> Erfolgloses Würgen mit starkem Speicheln
> Körpertemperatur über 39 °C
> Krampfzustände
> Blutungen aus jeglichen Körperöffnungen
> Kreislaufprobleme (bleiche Schleimhäute, Zittern, blaue Zunge, kurzfristige Ohnmacht)
> Bewegungsstörungen, starkes Speicheln, Zittern, auffällig geweitete Pupillen
> Taumeln und weiche Knie
> Stark anschwellende Insektenstiche mit Atemnot
> Stark blutende Verletzungen
> Aufgetriebener Bauch, Würgen, ohne erbrechen zu können
> Fremdkörper in Maul, Rachen, Verdauungstrakt oder Ohr
> Verletzungen oder Veränderungen am Auge
> Starke Sekretion aus Nase und/oder Auge
> Ohr: häufiges Kratzen, Druckempfindlichkeit, Geruch, Schütteln, Schlagen und/oder Schiefhalten des Kopfes
> Andauernde Atembeschwerden oder Husten
> Ausfluss aus den Geschlechtsorganen
> Verdacht auf Vergiftungen (Erbrechen, Durchfall, Muskelkrämpfe, Zittern, Atemnot, starkes Speicheln, blutige Maulschleimhaut)

Gewöhnen Sie Ihren Hund an das Fiebermessen. Fieber wird im After mit einem elektronischen Thermometer gemessen und nicht unter der Achselhöhle, im Maul oder im Ohr. Viele Besitzer kommen zu mir und behaupten: „Mein Hund hat Fieber, der hat eine warme Schnauze." Wenn ein Bully seit Stunden neben dem Kamin liegt oder in der prallen Sonne, dann hat er eine warme, trockene Nase, ohne dass er Fieber haben muss, auf diese althergebrachte Regel ist also auf jeden Fall kein Verlass. Die normale Körpertemperatur beim Hund beträgt zwischen 37,0 und 39,0 Grad Celsius. Damit ist sie deutlich höher als bei uns Menschen.

Beobachten Sie die Atmung Ihres Hundes, die Augen und die anderen Körperöffnungen, ob Ihnen Ausfluss, Eiter oder Blut auffällt. Im Zweifelsfall rufen Sie Ihren Tierarzt an, anders als beim Humanmediziner werden Sie beim Tierarzt nicht für jede telefonische Auskunft zur Kasse gebeten.

Bei älteren Hunden ist ein jährlicher Gesundheits-Check sinnvoll, und da unsere Hunde auch immer älter werden, kann man mit diesen Checks viele Krankheiten frühzeitig erkennen und Schlimmeres verhindern. Viele geriatrische Erkrankungen wie Herz- oder Schilddrüsenerkrankungen äußern sich nur durch eine verminderte Aktivität. Bei richtiger Behandlung wird der Bully wieder fit und aktiv.

Auf jeden Fall gehören zur aktiven Gesundheitsvorsorge auch Impfungen und regelmäßige Wurmkuren.

Auch wenn der Bully ein kurzhaariger Hund ist, so vergessen Sie im Sommer bitte nicht die Zecken- und Flohprophylaxe. Gerade Erkrankungen, die durch Zeckenbisse übertragen werden, nehmen stark zu und können tödlich verlaufen.

Impfungen

Grundimmunisierung

Eine sog. Grundimmunisierung ist vom Zuchtverband vorgeschrieben. Dies ist bei allen VDH-Zuchtverbänden so, egal um welche Rasse es sich handelt. Je nach Grundimmunisierung muss Ihr Welpe noch ein- oder zweimal nachgeimpft werden und wird dann jährlich wieder geimpft. Welche Impfungen jährlich durchgeführt werden müssen, hängt von der Lebenssituation ihres Hundes, Ihren Gewohnheiten (z. B. häufige Auslandsreisen oder Besuch von Ausstellungen) und der jeweiligen Seuchensituation ab. Ich verzichte deshalb darauf, Ihnen ein starres Impfschema an die Hand zu geben, denn geimpft wird individuell, und was für den einen Hund richtig erscheint, ist für den nächsten nicht ausreichend.

Impfmüdigkeit

Leider macht sich in den letzten Jahren eine gewisse Impfmüdigkeit bei den Hundebesitzern breit. Angeheizt wird sie von Internetforen, die die Impfung als Geldmacherei der Pharmaindustrie verteufeln und angeblich dramatische Impfschäden aufbauschen oder sowieso gegen jegliche Schulmedizin zu Felde ziehen. Dazu muss man wissen, dass eine Population nur dann als geschützt vor einer Seuche gilt, wenn 70 % der Tiere geimpft sind. Wir können allerdings davon ausgehen, dass in Deutschland diese Quote bei Weitem nicht erreicht wird. Natürlich sind viele klassische Infektionskrankheiten auf dem Rückzug, aber fragen sich die Impfgegner, warum das so ist? Das liegt daran, dass eben doch viele Hundehalter impfen lassen und genau diejenigen, die Impfungen verteufeln und ablehnen, profitieren von denen, die ihre Hunde regelmäßig impfen lassen. Die Klassiker wie Staupe, Katzenseuche und Leptospirose fassen aber doch in den letzten Jahren wieder Fuß und ich sehe sie wieder häufiger in meiner Praxis als früher. Und wer bringt sie mit?

Die Antwort lautet ganz klar: „Wühltischwelpen" und Sonderangebote, vor allem aus Osteuropa und natürlich die vermeintlich armen Mischlingswelpen, die neuerdings aus Rumänien, Bulgarien und dem Osten kommen.

Was viele allerdings einfach nicht wissen und nicht wahrhaben wollen: Mischlingswelpen werden in diesen Ländern gezielt für den deutschen Markt gezüchtet, weil es eben in Deutschland kaum noch ungewollte Trächtigkeiten bei Hündinnen gibt. Leider denken die „Adoptiveltern" dieser

Info | EU-Heimtierausweis

Die Impfungen werden in den blauen EU-Heimtierausweis eingetragen. Der Nachweis von gültigen Impfungen (vor allem gegen Tollwut) ist die Voraussetzung für die Teilnahme an vielen Veranstaltungen wie z. B. Ausstellungen (siehe auch S. 113). Außerdem brauchen Sie dieses Dokument für die Einreise in die Länder der EU (siehe auch S. 116).

Welpen nicht daran, dass auch diese Welpen Mütter haben, die unter erbärmlichen Bedingungen in den Herkunftsländern als Gebärmaschinen gehalten werden. Und die sogenannte Schutzgebühr von hundert oder zweihundert Euro ist in diesen Ländern immer noch ein lohnendes Geschäft.

In den ersten Lebenswochen nehmen Welpen sehr viele Antikörper über die Muttermilch auf.

Staupe

Staupe ist heute keine sehr häufige Krankheit mehr. Aber es gibt immer wieder Seuchenzüge, wie vor einigen Jahren in Finnland, wo Tausende Hunde erkrankten und auch starben. Der Erreger ist ein mit dem Masernvirus des Menschen verwandtes Virus, das durch eine Tröpfcheninfektion übertragen wird. Ein wichtiges Erregerreservoir sind klinisch gesunde Hunde, die das Virus ausscheiden, ohne selbst zu erkranken. Im Alter von vier bis sechs Monaten sind Hunde am empfänglichsten für eine Staupeinfektion.

Die Erkrankung fängt oft wie ein Schnupfen an und verläuft dann unter Beteiligung der Lunge und des Verdauungstraktes. Bei manchen Hunden kommen schwere zentralnervöse Veränderungen dazu und manchmal entwickeln sich auch Hautveränderungen, vor allem an den Sohlenballen. Eine spezifische Therapie gibt es nicht, man kann versuchen die begleitenden Bakterien zu bekämpfen.

Hepatitis contagiosa canis

Hepatitis contagiosa canis ist eine ansteckende Leberentzündung des Hundes. Das Virus, ein Adenovirus, kommt aber nicht nur beim Hund, sondern auch bei Füchsen, Bären, Skunks, Wölfen und anderen Caniden vor. Vor allem junge Hunde sind sehr empfänglich und sterben an der Infektion. Erregerreservoir sind wiederum erwachsene Virusträger und solche, die die Erkrankung überstanden haben, denn das Virus kann noch ein Jahr nach der Infektion „persistieren", d. h. im Körper bleiben und auch ausgeschieden werden, um dann wieder zu Neuinfektionen bei anderen Tieren zu führen. Die Infektion erfolgt wie bei der Staupe über Kot, Urin und andere Körpersekrete. Die Infektion verläuft als schwere Leber- und Nierenentzündung mit Fieber, Blutungen und schweren Organschäden. Die Sterblichkeitsrate bei jungen Hunden ist sehr hoch.

Parvovirose

Das canine Parvovirus wird nicht nur durch direkten Kontakt übertragen, sondern zeigt eine hohe Ausbreitungstendenz über sogenannte Vektoren. Die Erkrankung wird deshalb auch als „show dog disease" bezeichnet. An Kleidung, Schuhen, Händen und Einrichtungsgegenständen ist das Virus sehr lange überlebensfähig und verbreitet sich leider besonders stark über Hundeausstellungen, in Tierheimen, großen Hundezwingern oder auf Tiermessen. Es ist hoch kontagiös (d. h. sehr ansteckend) und weist eine hohe Tenazität (Überlebensfähigkeit in der Umwelt) auf.

Typischerweise verläuft die Parvovirose als schwere blutige Durchfallerkrankung mit Fieber und einer hohen Sterblichkeitsrate. Es kann bei betroffenen Tieren aber auch zu Herzmuskelschäden kommen.

Die Erkrankung wird auch als Katzenseuche bezeichnet. Das liegt daran, dass Parvoviren ursprünglich bei der Katze isoliert wurden. Das canine Parvovirus ist aber sehr eng verwandt mit dem der Katzen und dem sog. MEV (mink enteritis virus = Nerz-Virus). Es treten auch immer wieder Varianten und Mutationen des Virus auf. Bei einigen geht man davon aus, dass sie wiederum für die Katze infektiös sind, dann dort aber klinisch inapparent verlaufen (d. h. die Tiere erkranken nicht). Es gibt jedoch immer wieder seuchenhafte Ausbrüche, mit einer großen Anzahl von Erkrankungen und auch Todesfällen.

Leptospirose

Leptospirose ist keine Viruskrankheit, sondern eine bakterielle Erkrankung. Erreger sind kleine, schraubenförmige Bakterien, Leptospira canicola. Der Erreger wird mit Körpersekreten, vor allem dem Urin, ausgeschieden. Auch Mäuse und Ratten können Leptospiren ausscheiden und Hunde infizieren sich meistens in der Nähe von Gewässern, wo viele Ratten leben. Infizierte Tiere können den Erreger auch noch nach dem Überstehen der Erkrankung mehrere Jahre ausscheiden. Die Erkrankung verläuft meistens als schwere Leber- und Niereninfektion und ist auch für den Menschen ansteckend, deshalb ist sie in Deutschland meldepflichtig.

Zwingerhusten

Der Zwingerhusten kann durch verschiedene Erreger hervorgerufen werden. Egal um welchen Erreger es sich handelt, die Krankheit ist sehr ansteckend und verläuft häufig seuchenartig. Vor allem auf Ausstellungen, Messen oder Hundeveranstaltungen ist die Gefahr einer Ansteckung groß. Die üblichen Mehrfachimpfstoffe schützen den Hund gegen die Virusvariante der Erkrankung, das Parainfluenzavirus. Es gibt jedoch auch noch andere Erreger, die Zwingerhusten verursachen, z. B. Bordetellen.

Zwingerhusten ist – wie der Name schon sagt – eine Erkrankung der oberen Atemwege, die mit bellendem Husten, Fieber und manchmal auch Lungenentzündungen einhergeht.

Tollwut

Sie ist nach wie vor die gefährlichste und tückischste Viruserkrankung, die vom Tier auf den Menschen übertragen werden kann. Verursacher ist ein sog. Rhabdovirus, das nur durch eine Bissverletzung übertragen werden kann. Es wird mit dem Speichel ausgeschieden und gelangt zunächst über die Blutbahn und dann über die Nervenbahnen in das Gehirn. Tollwut verläuft immer tödlich und ist anzeigepflichtig. Die Tollwut ist durch staatliche Bekämpfungsprogramme in Europa sehr stark zurückgedrängt worden, einzelne Seuchenzüge kommen aber immer noch vor und weltweit sterben immer noch viele Hundert Menschen daran. Vor allem in Asien und dem Vorderen Orient ist Tollwut noch stark verbreitet. Bei Reisen mit dem Hund – auch in Europa – müssen die Einreisebestimmungen der verschiedenen Länder berücksichtigt werden und auch für die Wiedereinreise nach Deutschland ist eine gültige Tollwutschutzimpfung erforderlich.

Tollwutfälle in Mitteleuropa treten zwar nur noch sehr selten auf, trotzdem halte ich eine regelmäßige Tollwutimpfung für unerlässlich, denn es gibt absolut keine Rettung für ein Individuum, das an Tollwut erkrankt ist.

Gerade in Gewässernähe lauern Leptospiren.

Parasiten

Leider tummeln sich nicht nur auf unseren Hunden lästige Plagegeister, sondern auch im Hund. Gefahren lauern überall in der Umwelt, denn für einen Hund ist es völlig normal, Aas, Kot, Schnecken und andere Sachen zu kosten, bei deren Verzehr sich uns der Magen umdrehen würde.

Parasiten im Hund

Würmer

In VDH-Zuchtverbänden ist mehrmaliges Entwurmen von Muttertieren und Welpen vorgeschrieben. Das liegt daran, dass während der Trächtigkeit in der Muskulatur der Mutter abgekapselte Spulwurmlarven wieder aktiv werden und direkt über die Plazenta oder aber auch über die Milchdrüse von der Mutter auf die Welpen übertragen werden können. Das heißt, ein Welpe ist immer entwurmt, wenn er an seinen neuen Besitzer abgegebe

wird. Aber leider ist eine Entwurmung keine Impfung und schützt nicht eine gewisse Zeit vor einer Neuinfektion, wie eine Impfung das vermag. Deshalb müssen Welpen in regelmäßigen Abständen entwurmt werden, nicht nur gegen Spulwürmer, sondern auch gegen Haken-, Peitschen- und Bandwürmer. In manchen Fällen, vor allem im Herbst, auch gegen Lungenwürmer, die durch das Fressen von Schnecken übertragen werden können. Auf dem Markt finden sich viele verschiedene Präparate gegen alle Wurmarten, die alle sehr gut verträglich sind. Wie oft und gegen welche Wurmarten Ihr Hund entwurmt werden muss, hängt auch wieder von seinen Lebensgewohnheiten ab und natürlich davon, wie häufig er „Dreck frisst".

Alternativ zur regelmäßigen Entwurmung kann natürlich durch eine Kotuntersuchung abgeklärt werden, ob Ihr Hund Würmer hat. Bedenken Sie dabei jedoch, dass Würmer zyklisch Wurmeier ausscheiden, und die Untersuchung trotz Befall negativ sein kann.

Wurmlarven können auch durch Belecken übertragen werden.

Alle „natürlichen" Entwurmungsmittel wie Apfelessig, Knoblauch, Teebaumöl etc. sind nur hilfreich für den Verkäufer. Dem Hund helfen sie nicht und die Würmer lachen sich kaputt. Deshalb kaufen Sie Entwurmungsmittel auch bitte immer beim Tierarzt und nicht in der Apotheke oder im Zoohandel, denn wirksame Mittel sind alle verschreibungspflichtig und Sie bekommen sie nur in der Tierarztpraxis.

Einzellige Darmparasiten

Kokzidien

Kokzidien sind einzellige Darmparasiten, die vor allem bei Junghunden zu massiven Darmschäden und blutigen, teilweise schwerwiegenden Durchfällen führen können. Viele ältere Hunde und auch Füchse scheiden die Kokzidien aus, ohne selbst zu erkranken. Die Kokzidien sind relativ lange in der Außenwelt überlebensfähig.

Kokzidien müssen mit einem ganz bestimmten Medikament behandelt werden, die Entwurmungsmittel gegen andere Würmer sind unwirksam, deshalb empfiehlt es sich, bei einem Verdacht auf Kokzidiose auf jeden Fall eine Kotuntersuchung vorzunehmen.

Giardien

Dies sind Darmparasiten, die eine kleine Geißel (Schwänzchen) haben und aussehen wie ein großer Saugnapf. Vor allem bei jungen Hunden führen sie oft zu wiederkehrenden Durchfällen. Erregerreservoire sind auch wieder erwachsene Hunde, die den Parasit ausscheiden, ohne selbst zu erkranken. Vor allem in der kalten, feuchten Jahreszeit kommt es vermehrt zu Erkrankungsfällen, denn die Giardien können in feuchtem, kühlen Klima lange in der Außenwelt überleben. Vor allem in Tierheimen oder großen Hundeanlagen sind Giardien ein Problem, weil sie

Im hohen Gras lauern Flöhe und vor allem Zecken.

zu ständigen Reinfektionen führen und in diesen Beständen nur sehr schwer auszurotten sind. Auch bei einem Giardienverdacht ist eine Kotprobe unbedingt erforderlich. In der Kotprobe wird allerdings nicht der Erreger selbst nachgewiesen, sondern das genetische Material des Erregers. Es gibt verschiedene, leider nicht immer zuverlässig wirksame Medikamente gegen Giardien und nach der Therapie sollte man unbedingt den Erfolg der Behandlung mit einer weiteren Kotprobe kontrollieren und falls nötig so lange behandeln, bis der Erreger nicht mehr nachweisbar ist.

Bei der Erkrankung handelt es sich um eine Zoonose, d. h. die Giardien des Hundes können für Menschen infektiös sein. Man ist sich allerdings noch nicht darüber im Klaren, wie groß die Gefahr für den Menschen tatsächlich ist, aber sicher ist, dass vor allem alte, immungeschwächte Menschen und Kleinkinder stärker gefährdet sind.

Parasiten auf dem Hund

Flöhe und Zecken
Flöhe, Läuse, Milben und Zecken sind lästige kleine Plagegeister, wobei die Infektionen mit den drei erstgenannten zwar lästig sind, aber nicht tödlich verlaufen können. Flöhe übertragen Bandwürmer, Zecken noch viel schlimmere, schwerwiegende Erkrankungen.

Flöhe
Sie sehen aus wie kleine, dunkle Käfer und müssen entgegen der Erwartung der meisten Besitzer nicht zwangsläufig springen. Meistens rennen sie ganz schnell durch das Fell und kaum hat man sie gesehen, sind sie auch schon wieder weg. Gerade bei Hunden füh-

Von links oben nach rechts unten: Floh, Laus, Zecke, Demodex-Milbe

ren sie nicht unbedingt zu Juckreiz, vielfach fängt sich der Besitzer vor seinem Hund an zu kratzen, denn Flöhe sind nicht streng wirtsspezifisch, d. h. es gibt zwar verschiedenen Floharten für Katzen, Menschen, Hunde, Igel etc, aber die nehmen es mit der Auswahl ihrer Opfer nicht so genau. Was häufiger zu finden ist, ist der Flohkot. Das sind kleine, dunkle, trockene Krümelchen, wenn man sie auf ein nasses Taschentuch legt, werden sie rötlich, denn der Flohkot enthält das gesaugte Blut des Opfers. Flöhe sind zwar eklig, aber nicht sehr gefährlich und auch beim Flohbefall gilt das Gleiche wie bei den Würmern. Die wirklich wirksamen Medikamente wie Tropfen, Halsbänder und Sprays gibt es nur beim Tierarzt. Bernsteinketten, Knoblauch, Argan- und Teebaumöl schrecken Flöhe nicht, verderben ihrem Hund aber die Laune, weil er den Geruchsnebel dieser Produkte ständig riechen muss.

Das schicke Höschen verhindert Flecken auf den Polstern.

Zecken

Wesentlich unfreundlichere kleine Plagegeister, die sich vor allem am Kopf und an den Vorderextremitäten ansiedeln und festsaugen, sind Zecken. Sie sind in den letzten Jahren aus zwei Gründen richtig unangenehm geworden: Durch den Reiseverkehr wurden südländische Zecken in Deutschland heimisch, die unangenehme, lebensbedrohliche Krankheiten auf den Hund übertragen. Die Erreger dieser lebensbedrohlichen Krankheiten werden inzwischen auch von der ursprünglich in Deutschland allein vorkommenden Zeckenart, dem Holzbock, übertragen. Der Holzbock hat sich also sozusagen bei seinen ausländischen Kollegen angesteckt.

Besser als abzuwarten, ob der Hund Zecken bekommt, ist auf jeden Fall eine gute Zeckenprophylaxe und bei Reisen mit dem Hund nach Südeuropa ist fehlende Zeckenprophylaxe eigentlich schon fahrlässig. Gute Zeckenmittel in Form von Tropfen oder Halsbändern gibt es, wie bei den anderen Antiparasitika auch, nur beim Tierarzt.

Wenn Sie eine festgesaugte Zecke am Hund finden, bitte nicht nach der alten Methode verfahren und die Zecke mit Öl ertränken. Heute wissen wir, dass diese Methode nur dazu führt, dass die Zecken ihre Krankheitserreger viel schneller in das Hundeblut abgeben, als wenn man sie lediglich herausdreht. Zum Herausdrehen kann man sich mit Zeckenzangen oder -haken behelfen, Geübte nehmen den Daumen und den Zeigefinger. Es gibt übrigens viele verschiedene Techniken, um Zecken zu entfernen, ich drehe die Lästlinge mit dem Uhrzeigersinn, manche knicken sie mit einer besonderen Technik ab, andere wiederum drehen gegen den Uhrzeigersinn.

Sollten Teile des Zeckenkopfes im Hund verbleiben, „doktern" Sie bitte nicht lange daran herum: Der Zeckenkopf kapselt sich ab und fällt ab. Wenn sich die Einstichstelle allerdings rötet oder anschwillt, gehen Sie unbedingt zum Tierarzt. Es könnte ein Anzeichen für eine Borreliose-Infektion sein und muss behandelt werden.

Die Hündin

Läufigkeit

Eine Hündin wird ungefähr mit einem halben Jahr das erste Mal läufig. Das Zwischenläufigkeitsintervall beträgt sechs Monate bis ein Jahr. Nicht alle Hündinnen werden zwangsläufig zweimal pro Jahr läufig. Das ist für die meisten Besitzer ganz praktisch, für den Züchter aber eher hinderlich. Denn es gibt für eine Hündin nur ungefähr acht Tage im Jahr, an denen sie gedeckt werden kann und dann auch trächtig wird.

Eine Läufigkeit dauert ungefähr zwei bis drei Wochen. Erstes Anzeichen der Läufigkeit ist das Interesse der Rüden, das Anschwellen der Vagina und schließlich ein blutiger Ausfluss, der nach ungefähr einer Woche heller und wässriger wird. Deckbereit ist die

Hündin meistens um den 12. Tag der Läufigkeit, aber nicht alle Hündinnen halten sich an diese Regel. Auf jeden Fall heißt es Vorsicht vor Verehrern, die plötzlich unerwartet aus dem Gebüsch auftauchen und der Hündin den Kopf verdrehen. Eine läufige Hündin sollte unbedingt angeleint spazieren geführt werden, denn gerade wenn man keinen Nachwuchs plant, klappt es umso besser und schneller.

Läufigkeitshöschen

Damit die Hündin während der Läufigkeit keine Spuren auf den Möbeln und in der Wohnung hinterlässt, empfiehlt es sich, ihr ein Läufigkeitshöschen anzuziehen. Durch ihren gedrungenen Körperbau schaffen es außerdem die meisten Hündinnen nicht, sich die Vagina sauber zu lecken, und umso mehr blutigen Ausfluss haben Sie dann auf dem Fußboden.

Im Zoohandel werden Läufigkeitshöschen angeboten, die aber bei Bullys nicht die richtige Passform haben. Sie rutschen, die Rute ist zu kurz und diese Hosen halten nicht. Außerdem streifen die meisten Hündinnen sie durch ausgiebiges Wälzen sehr schnell ab. Für Ihre Bully-Hündin benötigen Sie tatsächlich eine besondere Hosenträgerkonstruktion, in die Sie selbstklebende Slipeinlagen einkleben können, um diese nach Bedarf zu wechseln.

Es gibt schicke Modelle, die Sie selbst anfertigen können oder bei Helena Pintar (Adresse siehe Service S. 122) bestellen können. Diese Höschen sind waschbar, aus weichem Material und lassen sich auch von der geschicktesten Hündin nicht abstreifen. Da ich einige Hündinnen habe, die auch besonders erfindungsreich sind, wenn es darum geht, Hosen auszuziehen, kann ich dieses Modell nur empfehlen.

Es gibt verschiedene Modelle, die Sie bestellen können.

Ungefähr sechs Wochen nach der Läufigkeit wird die Hündin scheinträchtig.

Scheinträchtigkeit

Eine normale Trächtigkeit dauert bei der Hündin ungefähr 63 Tage, danach werden die Welpen geboren. Auch eine Hündin, die nicht gedeckt worden ist, macht den gleichen hormonellen Zyklus durch wie eine trächtige Hündin und so schließt sich an die Läufigkeit die sog. Scheinträchtigkeit an. Der Begriff ist etwas irreführend, eigentlich müsste es Schein-Mutterschaft heißen, denn nach ungefähr zwei Monaten entwickelt die Hündin Anzeichen dafür, Welpen zu haben, auch wenn sie tatsächlich nicht schwanger war. Manche bauen Nester, adoptieren Spielzeuge, werden anhänglich oder haben auch sehr viel Milch im Gesäuge. In dieser Phase adoptiert die Hündin alle anderen Lebewesen und kann als Amme dienen. Ich hatte einmal eine Dackelhündin, die ein Schaflamm groß zog. Natürlich konnte das Schaf nicht bei ihr trinken, weil das „Kind" größer als die Mutter war, aber die Dackelhündin saß Tag und Nacht im Schafstall (in der Küche!) und leckte und bemutterte das Schaf.

Leider birgt dieses Hormonchaos auch Gefahren, jede Scheinträchtigkeit fördert das Risiko für die Hündin an Brustkrebs zu erkranken oder kann auch zu unangenehmen Gesäugeentzündungen führen, abgesehen davon, dass viele Hündinnen auch psychisch in dieser Phase ziemlich unausgeglichen sind.

Im Grunde ist diese Scheinträchtigkeit ein sehr praktisches Geschehen aus Wolfszeiten, denn alle Wölfinnen im Rudel haben sich die Jungtieraufzucht geteilt, auch wenn sie selbst keine Welpen hatten, haben sie den Nachwuchs anderer Wölfinnen gesäugt. Das war für das Überleben eines Rudels immens wichtig, heute hingegen ist es eher lästig.

Kastration ja oder nein?

Auch weibliche Tiere werden kastriert. Unter Kastration versteht man die Entfernung von Geschlechtsdrüsen, beim Rüden die Hoden, bei der Hündin die Eierstocke und meistens auch gleichzeitig die Gebärmutter.

Ob er seine Hündin kastrieren lassen möchte oder nicht, muss jeder Besitzer selbst entscheiden.

Als Entscheidungshilfe finden Sie im Kasten unten eine kleine Pro- und Kontra-Liste, dazu einige Anmerkungen. Entscheiden Sie sich für eine Kastration, sollte die Hündin maximal einmal läufig gewesen sein, damit das Brustkrebsrisiko wirklich deutlich geringer ist. Ob Sie die Pubertät der Hündin abwarten und sie nach der ersten Läufigkeit oder sie bereits mit fünf Monaten vor der ersten Läufigkeit kastrieren lassen, spielt unter medizinischen Gesichtspunkten keine Rolle.

Es gibt außer der vermeintlich richtigen Fütterung wenige Themen, die so kontrovers diskutiert werden wie die Kastration, und jeder muss für sich, seinen Hund und seine spezielle Lebenssituation eine Entscheidung treffen. Deshalb wägen Sie Pro und Kontra ab und lassen sich von Ihrem Tierarzt beraten.

Kastration des Rüden

Noch kontroverser diskutiert als die Kastration der Hündin und für viele Männer ein Problem ist die Kastration des Rüden. Natürlich scheut sich kein Mann einer Hündin die Eierstöcke zu entfernen, aber die Entfernung der Hoden bei einem männlichen Individuum scheint ein Problem zu sein. Vielleicht sehen das Frauen auch einfach pragmatischer. Seit einiger Zeit gibt es ein Hormonimplantat, das vom Tierarzt einfach unter die Haut gespritzt werden kann, das zu einer kompletten chemischen Kastration des Rüden führt. Die Rüden sind dann zeugungsunfähig, die Hoden schrumpfen und andere Hunde reagieren auf sie so wie auf einen tatsächlich kastrierten Rüden.

Der Riesenvorteil dieser Spritze ist, man kann die Kastration ausprobieren, und wenn dem Besitzer der Zustand nicht gefällt, ist der Spuk nach einem halben oder einem Jahr vorbei. Es gibt Implantate, die wirken ein halbes Jahr, und solche, die ein Jahr wirken. Meiner Erfahrung nach entscheidet sich ungefähr die Hälfte der Rüdenbesitzer für eine Kastration, die andere Hälfte lässt nur in bestimmten Situationen, beispielsweise für Urlaubsreisen, ein Implantat spritzen. Wirtschaftlich gesehen ist eine Kastration jedoch günstiger als das regelmäßige Spritzen von Hormonimplantaten.

Info | Kastration

Pro Kastration
> Keine Läufigkeiten mehr
> Keine Scheinträchtigkeiten
> Keine Flecken während der Läufigkeit im Haus
> Keine Verehrer vor dem Gartentor
> Geringeres Brustkrebsrisiko

Kontra Kastration
> Narkoserisiko
> Verringerter Energiebedarf, d. h. die Hündin wird bei gleicher Fütterung dicker
> Vermehrter Appetit
> Risiko einer Blasenschließmuskelschwäche, d. h. Urin tröpfeln
> Fellveränderungen nach der Kastration treten eigentlich nur bei langhaarigen Hunden auf

Rassespezifische Erkrankungen

Leider treten manche Erkrankungen bei der Französische Bulldogge häufiger auf als bei anderen Rassen. Das heißt nicht, dass diese Krankheitsbilder nur beim Bully vorkommen, aber die Rasse ist leider von diesen Krankheiten häufiger betroffen als andere Hunderassen. Diese Erkrankungen werden im IKFB züchterisch bearbeitet, d. h. es gibt Zuchtbestimmungen, die die Zucht mit Merkmalsträgern ausschließen oder zumindest stark reglementieren. Aber wenn es so einfach wäre, durch Ausschluss betroffener Tiere ein Krankheitsmerkmal aus den Genen heraus zu züchten, dann gäbe es nur noch gesunde Hunde.

Brachycephalensyndrom

Dieses Syndrom ist die Beschreibung eines Krankheitsbildes, das mit Problemen bei der Atmung einhergeht. Es handelt sich hierbei um eine partielle Obstruktion der oberen Luftwege, die zu Atemnot führt.

Mögliche Ursachen sind zu kleine Nasenlöcher, verengte und/oder verkürzte Nasengänge, ein überlanges, verdicktes Gaumensegel, ein verkürzter Rachenraum, eine vermehrte Faltenbildung im Rachenraum oder verdickte Tonsillen.

Das Krankheitsbild tritt vor allem bei den sog. brachycephalen Rassen (= kurzköpfige, stumpfnasige Hunde) wie Französischen Bulldoggen, Möpsen, Pekingesen, Boxern usw. auf. Es gibt allerdings auch bestimmte Terrier-Rassen, die darunter leiden, obwohl sie eine lange, spitze Schnauze haben. Das Brachycephalensyndrom wird züchterisch massiv bearbeitet, allerdings natürlich nur in seriösen Zuchtverbänden. Alle Hunde müssen im IKFB einen Fitnesstest machen und Hunde mit Atemgeräuschen oder Problemen bei der Atmung werden rigoros von der Zucht ausgeschlossen. Leider sind Zucht und Ausstellung zwei unterschiedliche Dinge und vor allem ausländische Zuchtrichter disqualifizieren Hunde mit diesen Problemen bei den Schönheitskonkurrenzen häufig nicht, was immer wieder zu heftigen und auch berechtigten Diskussionen auf Ausstellungen führt. Ein hoch prämierter und mit vielen Championtiteln ausgezeichneter Hund muss also nicht auch ein Hund sein, der für die Zucht geeignet ist. Allerdings stellt sich natürlich die Frage, ob ich einen solchen Hund überhaupt ausstellen muss.

Das Brachycephalensyndrom kann mit verschiedenen chirurgischen Maßnahmen gut behandelt werden. Leider herrscht bei vielen meiner Tierarztkollegen das Vorurteil vor, dass alle Kurzköpfe, sobald sie die Praxis betreten, sofort einer Gaumensegeloperation unterzogen werden müssen, ob es nun notwendig ist oder nicht. Ich will diese Probleme keinesfalls verniedlichen, die Bullys haben damit zu kämpfen, aber innerhalb des IKFB sind die Atemnotprobleme bei den zur Zucht zugelassenen Hunden deutlich geringer geworden als noch vor einigen Jahren.

Wenn ein Hund unter dem Brachycephalensyndrom leidet, sollte man die Operation nur von einem Spezialisten durchführen lassen. Es ist beispielsweise gar nicht so einfach zu beurteilen, ob ein Gaumensegel wirklich überlang ist. Diese Diagnose kann nur in Narkose gestellt werden. Außerdem benötigt man für die Operation viel Erfahrung und auch spezielle Endoskope und möglichst einen Laser, damit nach Möglichkeit blutungsarm operiert werden kann.

Weite Nasenlöcher
sind eine gute Vor-
aussetzung für eine
gesunde Atmung.

Demodikose

Diese Erkrankung wird von der Demodex-Milbe verursacht. Vor allem bei Hunden in der Pubertät kommt es dabei zu kleinen, runden, kahlen Flecken. Die Übertragung erfolgt immer am mütterlichen Gesäuge. Demodex-Milben werden auch bei gesunden Hunden gefunden. Bei dieser Erkrankung gibt es verschiedene Verlaufsformen: die lokalisierte und die generalisierte Form, die juvenile (= das Jungtier betreffend) und die Altersdemodikose. Besonders bei kurzhaarigen Rassen wie Bullys, Möpsen, englischen Bulldoggen, aber auch Dobermännern tritt die lokalisierte Jungtierdemodikose vermehrt auf. Die juvenile lokalisierte Demodikose ist selbstlimitierend. Das heißt, die Erkrankung tritt bei jungen Hunden, meist in der Pubertät oder im Zahnwechsel, auf und verschwindet auch von allein wieder. Allerdings möchten die meisten Besitzer eine Behandlung, wobei es aber Studien gibt, die belegen, dass der Heilungsverlauf bei dieser Form der Demodikose mit oder ohne Behandlung immer gleich ist. Die Hautveränderungen finden sich meistens im Gesicht und an den Vorderbeinen, denn das sind die Stellen, wo der Welpe beim Saugakt am meisten Kontakt mit dem mütterlichen Gesäuge hat.

Die generalisierte Form ist eine schwerwiegende, häufig mit einem erblichen Immundefekt einhergehende Erkrankung, die einer langen und intensiven Behandlung bedarf. Beim Deutschen Schäferhund und auch bei Dobermännern gibt es Blutlinien, die diesen T-Zelldefekt tragen und ihn vererben, hier verläuft die Erkrankung schwerwiegend und kann auch zum Tode führen.

Patellaluxation

Unter dem Begriff versteht man die Verlagerung der Kniescheibe aus der Führungsrinne, die von zwei Wülsten im Oberschenkel gebildet wird, dem Sulcus trochlearis. Die Kniescheibe kann sich hierbei nur ein bisschen verlagern und spontan wieder an ihren normalen Platz zurückrutschen oder permanent verlagert sein, sowohl nach innen als nach außen. Diese Kniescheibenverlagerung zeigt sich manchmal in hüpfenden Bewegungen der Hinterbeine oder in fortgeschrittenen Fällen kommt es zu Verkürzung der Strecksehnen im Kniegelenk, Kniegelenksarthosen und zusätzlich zu Kreuzbandrissen. Es gibt verschiedene Gradeinteilungen der Erkrankung. Dieses Krankheitsbild tritt bei sehr vielen Hunderassen auf und wird züchterisch reglementiert. Bei der Zuchtzulassungsprüfung werden die Bullys auf Kniescheibenluxation untersucht und nur kniegesunde Hunde werden zur Zucht zugelassen.

Gesunde Bullys können springen wie Gummibälle.

Bullys toben gern am Wasser.

Zur Behandlung in fortgeschrittenen Fällen gibt es verschiedene Operationsmethoden, die dem Hund wieder eine normale Beweglichkeit in der Hintergliedmaße erlauben. Die Patellaluxation kann angeboren sein, aber auch spontan traumatisch, d. h. durch einen Unfall ausgelöst werden.

Wirbelsäulenveränderungen

Bei den sogenannten brachycephalen Rassen kommen Wirbelsäulenveränderungen wie Keilwirbel, Blockwirbel, Übergangswirbel und Schmetterlingswirbel leider sehr häufig vor. Bedauerlicherweise wissen wir über die Entstehung und Vererbung dieser Veränderungen nur sehr wenig. Es gibt bisher zu diesem Thema nur zwei wissenschaftliche Studien. Diese Wirbelsäulenveränderungen können lebenslang überhaupt keine Probleme bereiten, aber natürlich zu Bewegungsstörungen, Schmerzen, partiellen Lähmungen bis

hin zu Querschnittslähmungen führen. Der IKFB in Deutschland ist bisher der einzige Zuchtverband für brachycephale Rassen, der ein Zuchtprogramm für Wirbelsäulenmissbildungen aufgelegt hat. Dieses Gutachtersystem wurde im Jahr 2011 etabliert und befindet sich noch in der Anfangsphase.

Alle Hunde, die zur Zucht zugelassen werden, müssen Wirbelsäulenröntgenbilder vorlegen. Diese werden von einer unabhängigen Gutachterin beurteilt und die Veränderungen in verschiedene Grade eingeteilt. Von der Beurteilung des Schwergrades der Veränderungen hängt es ab, ob ein Züchter für seinen Hund die freie Auswahl bei potenziellen Paarungspartnern hat oder aber ob er nur Verpaarungen mit Hunden vornehmen darf, die weniger oder keine Veränderungen in der Wirbelsäule haben. Auch im Ausland werden manche Hunde inzwischen freiwillig geröntgt.

Französische Bull-
doggen haben einen
kleinen Genpool.

Hornhautulcus

Hierbei handelt es sich um eine meist traumatisch bedingte Verletzung der Hornhaut des Auges. Brachycephale Rassen mit hervorstehenden Augen, vor allem auch Möpse und Pekingesen leiden bedauerlicherweise häufiger unter dieser Krankheit. Zum einen ist der hervorstehende Augapfel leichter Verletzungen durch Zweige, Äste oder Katzenkratzer ausgesetzt, zum anderen gibt es auch verschiedene andere Gründe für die Entstehung einer Hornhautentzündung. Die Brachycephalen haben eine herabgesetzte Sensibilität am Auge und der Tränenfilm bedeckt die Hornhaut oft nicht vollständig, sodass die Hornhaut austrocknen und sich entzünden kann. Deshalb ist es besonders wichtig, selbst bei kleinen Augenproblemen oder ersten Anzeichen wie Blinzeln, Tränenfluss, Lichtscheue oder Reiben am Auge sofort zum Tierarzt zu gehen und das Auge untersuchen zu lassen. Mit einem Farbstoff kann der Tierarzt Defekte in der Hornhaut nachweisen und eine sofortige Behandlung einleiten. Bitte auf gar keinen Fall selbst behandeln, denn bei einem Hornhautgeschwür darf niemals kortisonhaltige Augensalbe verwendet werden, das behindert den Heilungsprozess. Außerdem gilt für das Hornhautulcus: Je früher und schneller es intensiv behandelt wird, desto besser sind die Heilungsaussichten.

Cherry eye

Das sog. Kirschauge ist eine Vergrößerung und Entzündung der Tränendrüse im dritten Augenlid. Diese Erkrankung ist allerdings keine bullyspezifische Erkrankung, sie kommt bei vielen Hunderassen vor, sogar bei Gebrauchshunden wie dem Teckel. Bei diesem Krankheitsgeschehen tritt die Nickhautdrüse in Form einer kleinen, länglichen, rötlichen Verdickung am inneren Augenwinkel hervor und kann relativ problemlos wieder hinter die Nickhaut zurückgeschoben werden. Allerdings hält das meist nicht lange an und die Nickhautdrüse kommt wieder zum Vorschein. Tritt das Problem dauerhaft und häufiger auf, kann eine Operation hilfreich sein. Hierbei wird die Drüse in der Tiefe der Augenhöhle fixiert. Es gibt verschiedene Operationstechniken. Eine Entfernung der Drüse wird heute als Kunstfehler angesehen oder nur in schweren Fällen vorgenommen, denn die Drüse trägt zur Tränenproduktion im Auge bei.

Zuchtauswahl und Vererbung

Warum werden nicht alle Hunde, die unerwünschte vererbbare Merkmale zeigen, auch wenn diese nur gering ausgeprägt sind, von der Zucht ausgeschlossen? Damit wären dann doch eigentlich auch die erblichen Probleme beseitigt, oder?

So einfach ist es leider in der Genetik nicht. Eine Zuchtauswahl ist immer ein langwieriger, generationenübergreifender Prozess und wenn ein Merkmal wie z. B. die Kniescheibenluxation weggezüchtet wird, tritt plötzlich ein anderes auf. Die Hundezucht ist ein dynamischer Prozess und kein Automotor, den man einfach reparieren kann. Es treten Mutationen von Genen auf, d. h. genetisches Material kann sich verändern und zu neuen Krankheiten führen. Gerade bei Rassen mit einem relativ kleinen Genpool, wie wir es bei der Französischen Bulldogge haben (d. h. es gibt nur relativ wenig Hunde weltweit), gerät man bei sehr restriktiver Zuchtauswahl sehr schnell in Gefahr einen hohen Inzuchtkoeffizienten zu erhalten. Das bedeutet, alle Zuchttiere sind miteinander verwandt. Ge-

nau dieser Zustand fördert die Entstehung von neuen Problemen, denn wir alle wissen, Inzucht ist ungesund. Ein anderes Problem, das viele Rassen haben, ist das „popular sire"-Phänomen: Ein besonders schöner Rüde wird extrem häufig zum Decken eingesetzt und findet sich dann irgendwann in fast allen Ahnentafeln. Generationen später stellt man plötzlich fest, dass dieser Rüde ein Herzproblem vererbt, was zunächst nicht aufgefallen ist, weil es nicht unbedingt klinische Probleme bereiten muss. Und schon gibt es ein Problem in der Zucht, das vorher nicht vorhanden war. Genetische Vielfalt ist für eine Rasse überlebenswichtig und deshalb muss man beim Züchten mit Geduld und Umsicht Zuchtauflagen beschließen, sie ändern und der Rasse anpassen.

Von links nach rechts: Opa, Oma, Tochter, männlicher Enkel, weiblicher Enkel

Bullys sind anpassungs-
fähige Begleiter für Jung
und Alt. Ob in einer leb-
haften Familie oder im
Single-Haushalt, ein Bully
macht gut gelaunt alles mit
und ist am liebsten immer
mit dabei. Mit einer gut
erzogenen Französischen
Bulldogge sind Sie überall
willkommen. In der Bully-
Grundschule lernen Sie
alles, was Sie und Ihr Hund
im Alltag brauchen.

Hundekindergarten

Welpenspielgruppen bzw. Hundekin-
dergarten sind absolut empfehlenswert und wichtig für die Sozialisierung und den entspannten Umgang
der Hunde miteinander im weiteren
Erwachsenenleben. In der Welpenspielgruppe geht es zunächst überhaupt nicht darum, Ihrem Welpen Gehorsam oder Begriffe wie „Sitz" oder
„Platz" beizubringen. In der Welpengruppe sollen Hunde gleichen Alters
und ähnlicher Größe miteinander spielen. Außerdem wird eine gewisse Um-
weltsicherheit trainiert. Vielfach wer-

den kleine Tunnels oder Rampen, auf
denen die Welpen unter Aufsicht laufen, in das Spiel mit eingebaut. Das
macht den Hunden sehr viel Freude
und bei manchen zeigt sich dann bereits das Talent für höhere Aufgaben.
Auch ein Bully kann Begleithunde-
und Fährtenprüfungen machen und
Obedience lernen. Dazu später mehr
im Kapitel „Freizeit mit dem Bully" ab
Seite 103.

Spielerischer Kontakt mit anderen Hunderassen ist wichtig für die Sozialentwicklung.

Wichtig ist es allerdings, darauf zu achten, dass die Hunde nicht überfordert werden oder besonders schüchterne und ängstliche Hunde von den selbstbewussterengemobbt werden. Allerdings haben Sie mit dem Bully eine Rasse erworben, die sich normalerweise eher wie ein kleiner Panzer in der Welpenspielgruppe benimmt, und von meinen Welpenkäufern höre ich oft, dass der körperlich kleinere Bully sehr schnell in eine Gruppe mit etwas größeren Hunden umgesetzt wird, denn Bullys mangelt es meistens nicht am Selbstbewusstsein.

Es kommt bei der richtigen Zusammensetzung einer solchen Gruppe nicht nur auf die Größe, sondern auch auf den Charakter der einzelnen Welpen an.

Welpenspielgruppen oder Welpentreffs werden von manchen Züchtern organisiert, aber auch von Tierärzten, Hundetrainern und Hundesportvereinen, die nicht nur auf Arbeitshunde beschränkt, sondern meistens offen für alle Rassen sind.

Achtung Experten

Leider gibt es keine klar geregelte Ausbildung zum Hundetrainer oder Hundeausbilder. Jeder, der sich dazu berufen fühlt, darf sich Hundetrainer nennen. Das große Problem ist, die Spreu vom Weizen zu trennen, denn Hundeschulen sind in Mode und ein Hundekurs kostet leicht ein paar Hundert Euro. Es gibt sicherlich exzellente, einfühlsame Hundetrainer, die eine gute Ausbildung genossen haben und auf dem neuesten Stand der Hundeerziehung sind. Dann spreche ich aber in meiner Praxis immer wieder mit Hundebesitzern über Erziehungsmethoden, bei denen sich mir die Nackenhaare aufstellen. Ich habe das Gefühl, genau wie in der Kindererziehung werden Hundebesitzer immer unsicherer, was sie mit ihrem Hund machen können und was nicht. Eine Portion gesunder Menschen- und auch Hundeverstand kann einem kein Erziehungsratgeber beibringen und im Grunde lässt sich die Hundeerziehung auf die Formel reduzieren: Sei konsequent wie ein Panzer und weich wie ein rohes Ei.

Konsequenz ist in der Hundeerziehung noch wichtiger als in der Kindererziehung. Der Hund versteht nicht, warum er an einem Tag auf das Sofa springen darf und am nächsten Tag plötzlich nicht mehr. Einem Kind können Sie erklären, dass es samstags abends länger fernsehen darf, wenn es am Sonntag keine Schule hat, ein Hund versteht das nicht.

Lebenslanges Lernen

Früh anfangen, aber nicht überfordern

Ein Hund lernt lebenslang, genau wie ein Mensch, und ist auch nicht erst im Alter von einem halben Jahr bereit für Trainingseinheiten, wie vielfach immer noch behauptet wird. Je früher Sie anfangen Ihrem Hund Gehorsam beizubringen, desto besser. Allerdings machen die meisten Besitzer den Fehler, ihre Vierbeiner hoffnungslos zu

überfordern. Ein Hundewelpe kann sich nicht sehr lange konzentrieren und lässt sich auch leicht ablenken. Wenn die Gelegenheit gerade günstig ist und Ihr Welpe sich voll auf Sie konzentriert, bauen Sie kleine Trainingseinheiten in Ihren Alltag ein. Es funktioniert natürlich meist besser, einen hungrigen Welpen mit Leckerli zu locken als einen Hund, der gerade eine gute Mahlzeit genossen hat und jetzt mit seiner Verdauung beschäftigt ist.

Das richtige Timing

Timing ist für eine gute Zusammenarbeit wichtig und es liegt meistens nicht daran, dass der Hund zu dumm ist, um etwas zu lernen, sondern am Timing des Besitzers. Timing ist das A und O in der Hundeerziehung. Ist Ihr Timing falsch, versteht Sie Ihr Hund nicht. Es nützt also nichts, eine Pfütze im Wohnzimmer Stunden später mit Strafaktionen zu belegen, Ihr Hund versteht überhaupt nicht, was Sie von ihm wollen, auch wenn viele Menschen immer behaupten, der Hund würde so schuldbewusst schauen.

Welpen brauchen immer wieder Pausen.

Die Sache mit der Dominanz

Wirkliche Dominanz zeichnet sich nicht durch herrisches Gehabe oder lautes Brüllen oder gar durch rohe Gewalt aus. Im Gegenteil – der wirklich dominante Mensch (Hund) geht subtil und leise vor und bleibt immer cool. Die Alpha-Wolf-Theorie von Eric Ziemen gilt inzwischen als überholt. Es ist nicht so, dass ein Wolfsrudel ein starres Gebilde ist, in dem es einen Häuptling und lauter Indianer gibt. Vielmehr ist ein Rudel ein ambivalentes, vielschichtiges Gebilde mit einer Rangordnungsstruktur und einer Aufgabenverteilung wie in einer Familie. Also ist es auch in der Interaktion mit Ihrem Hund so, dass Sie eher ein Miteinander anstreben sollten, ein Verhältnis also, das man in der Geschäftswelt als „Primus inter pares" bezeichnet. Das heißt: der Erste unter den Gleichen. Dabei ist es natürlich hilfreich, wenn der Zweibeiner der Erste ist und nicht der Vierbeiner.

Hundeerziehung

Hundeerziehung ist die Erziehung der leisen Töne, subtilen Gesten und klaren Ansagen.

Geben Sie immer die gleichen Kommandos und versuchen Sie dabei immer Ihre Gesten zu kontrollieren. Hunde nehmen unglaublich viele Gesten und Mimikveränderungen wahr, ganz abgesehen davon, dass sie auch ungefähr zwanzigmal besser hören als wir. Es nützt also gar nichts, Ihrem Hund hinterherzubrüllen, wenn er interessante Dinge gesehen hat, denen er unbedingt nachlaufen muss, vielmehr dringen Sie mit leisen Tönen viel besser zu ihm durch. Die Evolution hat den Hund aufmerksam für leise Töne gemacht, denn sie bedeuten eher das Heranschleichen eines Feindes oder eine nahe Beute. Ihr Hund wird einem brüllenden Besitzer eher davonrennen, um dem nahenden Konflikt zu entgehen. Denn wenn Sie sich aufregen, schütten Sie natürlich außerdem Adrenalin aus, produzieren Schweiß, Buttersäure entsteht und das bleibt Ihrem Hund nicht verborgen.

Die Bully-Grundschule

Die wichtigsten Begriffe, die Ihr Welpe lernen sollte, sind Leinenführigkeit, „Fuß gehen", „Sitz", „Platz", „Komm" und „Aus". Wenn Sie geschafft haben, Ihrem Bully diese Grundbegriffe zuverlässig beizubringen haben Sie schon eine ganze Menge erreicht. In umfangreicheren Erziehungsratgebern (Lesetipps siehe Service S. 121) finden Sie darüberhinaus wertvolle Tipps und Hintergrundinformationen, die den Rahmen dieses Buches jedoch sprengen würden.

Leinenführigkeit

Die Leinenführigkeit fängt bereits mit dem richtigen Anlegen des Halsbands an. Der Züchter hat das Anlegen eines Halsbandes sicherlich schon mit Ihrem Welpen geübt, aber trotzdem setzen die meisten Welpen sich erst einmal auf den Po und fangen an sich leidenschaftlich mit den Hinterpfoten zu kratzen. Das Ding muss weg! Manche wälzen sich auch oder laufen im Kreis, um das störende Objekt am Hals loszuwerden. Das gleiche gilt natürlich auch für Brustgeschirre. Allerdings muss ich an dieser Stelle sagen, dass ich kein Freund dieser Geschirre bin. Der Vorteil, dass die Geschirre keinen Druck auf den

Ein leinenführiger Hund läuft mit locker durchhängender Leine neben seinem Besitzer.

Hals ausüben und die Hunde auch nicht mit dem sog. Leinenruck gemaßregelt werden können, wird meistens durch den Nachteil wettgemacht, dass die allermeisten Geschirre scheuern, drücken und auch kahle Stellen auf dem Fell hinterlassen. Aber das ist Geschmacksache und jeder muss das Halsband oder Brustgeschirr benutzen, mit dem sein Hund und er am besten zurechtkommen.

Rollleinen sehe ich ebenfalls kritisch, denn Leinenführigkeit bedeutet, dass der Hund kontrolliert an der Leine läuft und nicht frei rennt. Und es ist wirklich reine Erziehungssache, ob ein Hund immer an der Leine zerrt oder nicht. Allerdings ist alles im Leben relativ, und wenn mein Hund ein leidenschaftlicher Jäger ist, dann ist es besser, ihn an der Rollleine spazieren zu führen, als ihn unter ein Auto oder vor den Zug rennen zu lassen. Außerdem werde ich in meiner Praxis immer an den Behandlungstisch gefesselt, wenn die Rollleinen-Hunde munter mehrere Runden um mich und den Behandlungstisch drehen.

Was den Jagdtrieb angeht, gibt es jedoch eine gute Nachricht: Bullys haben keinen Jagdtrieb. Natürlich rennen sie einer Katze hinterher, wenn sie flüchtet, aber sie geben schnell auf und im Wald interessieren sie sich überhaupt nicht für Rehe, Kaninchen und Füchse, für deren Hinterlassenschaften aber umso mehr.

Tipp | Halsband anlegen

Gewöhnen Sie den Welpen langsam an das Halsband. Am besten verbinden Sie das Band mit etwas Positivem, d. h. Sie füttern ihn immer mit angelegtem Halsband oder geben ihm sein Lieblingsspielzeug und machen ein tolles Spiel mit ihm, wenn er das Halsband trägt.

Das Einüben der Leinenführigkeit funktioniert am besten, wenn Sie Ihren Welpen mit einem Leckerli locken. Ist Ihr Welpe nicht besonders verfressen, hilft es auch, ihm sein Lieblingsspielzeug vor die Nase zu halten. Der Kleine wird hinterherlaufen und so spielerisch lernen, dass er mit einer Leine angebunden ist. Damit Ihr Welpe aber nicht ständig im Halsband hängt und an der Leine zieht, müssen Sie versuchen seine Aufmerksamkeit von interessanten Schnüffelstellen auf Sie als den Leinenführer umzulenken. Das klappt besonders gut, wenn Sie den Hund an Ihrer linken Seite laufen lassen und in der rechten Hand das Leckerli halten, mit dem Sie ihn locken können.

Gehen Sie dabei geduldig vor, und lassen Sie Ihren Bully nicht lange auf diese Weise laufen. Legen Sie lieber viele kurze Leinentrainingseinheiten während des Spaziergangs ein und lassen Sie Ihren Welpen zwischendurch immer wieder spielen oder rennen.

„Sitz"

„Sitz" ist ein Kommando, das für Ihren Hund relativ leicht zu erlernen ist und auch an Sie als Hundebesitzer keine hohen Ansprüche stellt. Auch hier sind beim Trainieren ein leerer Hundemagen und ein Leckerli hilfreich.

Knien Sie sich vor Ihren Hund und halten ihm ein Leckerli vor die Nase; das Leckerli führen Sie langsam über seinen Kopf nach hinten. Ihr Welpe wird dem Leckerli mit der Nase folgen und sich automatisch hinsetzen. Vergessen Sie dabei nicht, kurz vor dem Hinsetzen „Sitz" zu sagen. Wiederholen Sie das Kommando nicht ständig, sondern auch hier gilt wieder: Timing ist alles. Viele Welpen setzen sich auch interessiert neben ihre Besitzer, wenn z. B. das Futter zubereitet wird oder andere Aktivitäten in der Küche stattfinden. Immer wenn Ihr Welpe sich hingesetzt hat, können Sie das mit „Sitz" kommentieren und ihm ein Leckerli geben. Ihr Hund lernt schnell, dass Hinsetzen zu freudiger Erregung bei Ihnen und zu einem Leckerli bei ihm führt, also wird er sich häufig auch ohne Kommando von allein hinsetzen.

Die Fortgeschrittenen bauen das „Sitz" bei jeder Straßenüberquerung ein. Der Hund gewöhnt sich bei konsequenter Übung daran. Dies kann extrem hilfreich sein, wenn Ihr Hund ein-

Das Kommando „Sitz" verbunden mit einem Handzeichen

mal ohne Sie unterwegs ist und unter Umständen sogar einmal sein Leben retten, da er dann nicht so einfach auf die Fahrbahn rennt und überfahren werden kann.

„Platz"

Das Hinlegen auf Kommando „Platz" sollte Ihr Hund erst lernen, wenn er „Sitz" wirklich gut beherrscht. Seien Sie nicht zu ehrgeizig und versuchen Sie nicht Ihrem Welpen alle Erziehungskommandos auf einmal beizubringen. Das verwirrt und überfordert ihn. Wir lernen in der Schule auch erst einmal die Grundrechenarten und später Algebra und Dreisatz.

Sie können natürlich wieder wie beim „Sitz" ein freiwilliges, zufälliges Hinlegen mit dem Kommando „Platz" und einem Leckerli belohnen.

Wenn Ihr Hund sitzt, gehen Sie vor ihm in die Hocke und führen ein Leckerli vor seiner Nase zum Boden und etwas auf sich zu. Ihr Bully wird mit seiner Nase dem Leckerli folgen, viele Hunde heben dabei natürlich aber ihren Hintern an und stehen auf. Seien Sie nicht verzweifelt, wenn es nicht gleich klappt und strafen Sie Ihren Welpen nicht, wenn er Sie nicht versteht. Halten Sie sich immer vor Augen, meistens liegt es am Lehrer, wenn der Schüler nicht lernt, und nicht am Unwillen des Schülers.

„Komm her"

Das Kommen auf Zuruf gehört schon eher in die Oberstufe. Es gibt nichts Schwierigeres als einen durchstartenden Hund von seinem Tun abzubringen und ihn dazu zu bewegen, sich umzudrehen und wieder zurückzukommen. Deshalb fangen Sie mit diesem Kommando nicht genau in dieser Situation an, sondern in einer ruhigen, ablenkungsfreien Umgebung. Ihr Vorhaben wird ansonsten zum Scheitern verurteilt sein. Zunächst sollten Sie sich auf ein Kommando festlegen, es kann „Hier", oder „Komm" oder „Billie hier" oder ein Pfiff sein, wichtig ist jedoch, dass es immer das gleiche Kommando ist. Ihr Hund versteht nämlich nicht, warum er heute Billie und morgen Schmusebacke heißt. Das bedeutet natürlich auch, dass wir als Hundeführer diszipliniert sein müssen, wir erwarten das Gleiche ja schließlich auch von unserem Hund.

Der abgerufene Hund startet schnell zu seinem Besitzer durch.

Anfangs übt man am besten zu zweit. Eine Person hält den Hund fest, die andere hockt sich in ein paar Metern Entfernung auf den Boden und ruft den Hund. Am besten freut man sich dabei und ist außer sich vor Freude, wenn einem der Welpe in die Arme läuft. Auch diese Aktion wird bei erfolgreichem Abschluss wieder mit einem Leckerchen belohnt. Zu Hause funktioniert dieses Kommando natürlich prima, wenn es Futter gibt und sich Ihr Welpe gerade in einem anderen Raum befindet. Auch das Rasseln des Schlüsselbundes (impliziert: wir gehen spazieren) kann als Reizverstärkung dienen. „Komm her" sollten Sie auch auf Spaziergängen immer wieder üben, am besten natürlich immer dann, wenn Ihre Chancen gut sind, dass Ihr Welpe dem Kommando auch folgen wird. Auch hier gilt wieder, Timing ist alles, d. h. für Sie natürlich auch: Situationen vorauszusehen und den Welpen zu rufen, bevor er über die Straße rennt, weil er auf der anderen Straßenseite seinen Lieblingsfreund entdeckt hat. Ein bestimmtes Schlüsselsignal kann als Ver-

stärkung sehr hilfreich sein, bei uns ist es ein roter Nylonbeutel, in dem die Leckerlis sind. Bei meinen Hunden reicht ein kurzes „Komm her" und Wedeln mit diesem Beutel (fast immer) aus und schon sind sie da. Das ermöglicht uns, mit sechs Bullys ohne Leine spazieren zu gehen und sie immer dann kommen zu lassen und mit Leckerlis zu belohnen, wenn Radfahrer, Spaziergänger oder andere Hunde, die wir nicht kennen, im Anmarsch sind. Fast immer heißt, es klappt zu 90 %, 100 %igen Gehorsam habe ich bisher noch nie in meinem Leben bei einem Hund erreicht, aber es liegt sicherlich an mir und nicht am Hund.

„Aus"

Auch das ist ein Kommando, das eventuell Leben retten kann, nämlich das Ihres Bullys. Ich muss jedoch zugeben, in unserem Rudel ist das Kommando am schwierigsten für mich und die Hunde. Leider führt das Kommando „Aus" bei uns manchmal dazu, dass derjenige, der gerade die verfaulte Weintraube im Maul hat, diese auf das

Lassen Sie Ihren Bully sitzen und rufen ihn auf Entfernung ab.

Kommando „Aus" hin erst recht herunterschluckt. Auch für den Hund ist es ein sehr schweres Kommando, denn er soll etwas hergeben, was er sich vielleicht gerade erst erobert hat, in unserem Fall die verfaulte Weintraube, die fünf andere Bullys auch haben wollten und die nun gerade er ergattert hat.

Am besten funktioniert „Aus" als Tauschgeschäft, d. h. Ihr Hund gibt das her, was er gerade im Maul hat, und Sie geben ihm dafür ein Leckerli. Am besten fangen Sie damit an, Spielzeug einzutauschen. Für die Motivation Ihres Hundes ist es wichtig, nicht gerade mit dem allerliebsten Lieblingsspielzeug anzufangen, sondern einen Gegenstand einzutauschen, den er gerade im Maul hat, aber nicht so wahnsinnig interessant findet. Will Ihr Hund den Gegenstand nicht freiwillig hergeben, dann legen Sie die rechte Hand (bei Linkshändern die linke) über seine Schnauze und drücken die Lefzen nach innen über die Zähne des Oberkiefers. Ich gebe zu, das ist beim Bully wegen der kurzen Nase schwieriger als bei langnasigen Hunden, aber es lässt sich

durchaus bewerkstelligen. Der Lefzendruck gegen die Zähne ist unangenehm und Ihr Hund wird das Maul öffnen und sich das Spielzeug abnehmen lassen oder fallen lassen. Belohnen Sie ihn danach sofort mit einem Leckerli. Auch hier ist das Timing wieder sehr ausschlaggebend für Ihren Erfolg.

Alleinbleiben

In unserem Haushalt ist das ein Problem, das es nicht gibt. Selbst wenn wir auf Ausstellungen unterwegs sind, so bleiben immer Hunde zu Hause, die sich gegenseitig Gesellschaft leisten (und leider auch die Wohnung auseinandernehmen).

Für einen Hund ist das Alleinbleiben schwierig. Wir Menschen genießen es durchaus einmal, einen ruhigen Sonntag auf dem Sofa zu verbringen, ohne Gesellschaft. Der Teil mit dem Sofa kommt dem Bully zwar auch sehr gelegen, aber „ohne Gesellschaft" ist es schon schwieriger. Hunde sind Rudeltiere und für ein Rudeltier ist es immer eine Strafe, vom Rudel getrennt oder abgesondert zu werden. Deshalb bleiben Hunde nicht gern allein. Es geht also beim Üben im Grunde darum, dem Hund das Alleinbleiben schmackhaft zu machen.

Gewöhnung an die Box

Damit Ihr Welpe während Ihrer Abwesenheit keine Neudekoration der Wohnung vornimmt, ihm ist ja schließlich langweilig, ist es sehr hilfreich, ihn an eine Box oder einen Zimmerkäfig zu gewöhnen. Wir haben eine Box im Wohnzimmer stehen (zugegeben nicht unser schönster Einrichtungsgegenstand), die immer offen ist. Unsere Hunde kennen sie. Sie legen sich tagsüber wechselweise hinein, wenn sie ihre Ruhe haben wollen, und finden die Box völlig normal. Wichtig ist natürlich, dass Ihr Welpe die Box weder als Bedrohung noch als Strafe empfindet.

Um dem Welpen die Box schmackhaft zu machen, füttern Sie ihn in der Box, geben ihm dort Spielzeug oder Leckerli oder legen die nach seiner Mama riechende Decke hinein. Wenn Ihr Welpe in der Box sitzt, lassen Sie die Tür anfangs offen, nach einer kurzen Gewöhnungsphase schließen Sie sie nur sehr kurz. Wenn Ihr Welpe keine Panik bekommt und ruhig bleibt, steigern Sie langsam den Zeitraum, in dem die Tür verschlossen ist.

So eine Box ist unheimlich praktisch. Man kann den Hund beispiels-

weise dort ablegen, wenn gestaubsaugt wird. Eine unserer Hündinnen findet, dass der Staubsauger ein wildes Tier ist, und macht sich einen Spaß daraus, ihn zu attackieren. Das ist für den Hund zwar lustig, beim Staubsaugen aber sehr hinderlich. Also wartet die Hündin in der Box, bis die Show vorbei ist. Welpen haben generell die Neigung, die Wohnung durch kreative Maßnahmen zu verschönern, und wer sich weder Teppiche noch Möbel annagen lassen möchte, kann den Welpen, wenn er es gewöhnt ist, zeitweise in der Box zur Ruhe bringen.

Wichtig! Dieser Boxaufenthalt darf natürlich nicht auf eine Käfighaltung hinauslaufen, sondern ist strikt auf einige wenige Stunden beschränkt.

Alleinbleiben üben

Anfangs lassen Sie den Welpen bei geöffneter Tür in der Box spielen und Sie verlassen kurz den Raum, gehen in den Keller oder treten vor die Haustür. Wahrscheinlich ist Ihr Welpe so abgelenkt, dass er es gar nicht registrieren wird, dass Sie weg waren. Ist er ruhig geblieben, loben Sie ihn ausgiebig, hat er gewinselt, ignorieren Sie es, schimpfen Sie nicht, aber ignorieren Sie ihn auch eine Zeit lang.

Manchen Hunden hilft beim Alleinbleiben auch das nach Mama riechende Pheromon-Halsband. Es dient generell dazu, Stress abzubauen, egal ob bei der Trennung von der Mutter, bei Silvesterkrach oder sonstigen ungewohnten Situationen. Da Bullys im Gegensatz zu anderen kleineren Hunderassen ihren Besitzern nicht bei jedem Schritt an den Fersen kleben, ist es für sie meistens kein Problem, allein zu Hause zu bleiben, wenn man es richtig trainiert hat. Länger als maximal vier Stunden sollten Sie aber auch Ihren erwachsenen Hund später nicht allein lassen.

Auch diese Übung kann man mit dem Welpen spielerisch in den Alltag einbauen. Man lässt den Welpen in der Wohnung und holt die Post aus dem Briefkasten. Das dauert nicht lange und wenn der Kleine brav war, wird er überschwänglich gelobt.

Mit einer „Leckerli-Straße" lockt man den Welpen in die Box.

Toben und spielen, das lieben alle Bullys. Aber das ist noch lange nicht alles, was Sie mit Ihrer Französischen Bulldogge unternehmen können. Wie wäre es mit Fährtenarbeit oder Obedience? Probieren Sie es einfach einmal aus. Die kleinen Franzosen machen begeistert alles mit. Sie werden überrascht sein, was Ihre Bulldogge alles kann.

Rassebedingte Besonderheiten

Französische Bulldoggen sind zwar unheimlich anpassungsfähige Hunde, aber echte Sportskanonen sind sie nicht und werden es auch nicht, egal wie sehr Sie sich anstrengen. Das heißt aber noch lange nicht, dass Sie eine Couch-Potato an der Leine haben, wie es der Rasse manchmal nachgesagt wird. Ein Bully kann durchaus lernen, Prüfungen machen und mit Ihnen zusammen an gestellten Aufgaben wachsen. Aber er ist einfach kein Arbeits- oder Gebrauchshund und auch blinden Schäferhundgehorsam können Sie von ihm nicht erwarten.

Bully sind echte kleine Rennmaschinen.

Begleithundeprüfung (BHP)

„Unsere heutige Umwelt fordert den sozialverträglichen, wesensstarken und doch leichtführigen Begleithund. Wir verlangen neben dem Gehorsam Sicherheit im Straßenverkehr und Gelassenheit gegenüber Artgenossen und Menschen."

Dieses Zitat hört sich zwar hölzern an, macht aber im täglichen Leben wirklich Sinn. Bei der sog. Begleithundeprüfung werden verschiedene Dinge abgefragt, die Ihr Bully beherrschen muss. Die BHP 1 ist sozusagen die Grundschulausbildung. Es gibt die sog. einfache Begleithundeprüfung (BHP1), darüber hinaus die BHP2 (mit Führersuche und Warten) oder auch die BHP3 mit einer Wasserprüfung. Natürlich sollen Sie aus Ihrem Bully keinen Gebrauchshund machen, aber ein bisschen Erziehung, Sicherheit im Straßenverkehr und Gelassenheit im Umgang mit anderen Hunden und auch Menschen hat noch keinem Hund geschadet und wer weiß, vielleicht macht Ihnen die „Arbeit" mit Ihrem Bully ja so viel Spaß, dass Sie mit Ihrem gut erzogenen Hund dann auch auf Ausstellungen gehen möchten oder vielleicht an einem Obedience-Kurs teilnehmen möchten. Kurse zur Begleithundeprüfung werden von vielen Vereinen angeboten.

Ein fragender Blick aus Murmelaugen: „Und was machen wir jetzt?"

Die BHP1 besteht aus folgenden Teilen

1. Führigkeit

Ihr Bully läuft angeleint neben Ihnen, ohne an der Leine zu ziehen. Dabei müssen mehrere Hindernisse passiert werden, wie Stangen, andere Menschen und Hunde. Ihr Bully muss immer brav neben Ihnen gehen, ohne „auszuflippen" oder an der Leine zu ziehen.

2. Folgsamkeit

Ihr Bully läuft einige Zeit unangeleint neben Ihnen. Sie lassen ihn an einem bestimmten Punkt sitzen, entfernen sich ungefähr 50 Meter und er muss auf das Kommando zügig zu Ihnen zurückkehren (ohne zwischendurch zehn andere Bullys zu begrüßen oder interessante Grashalme zu beschnüffeln).

3. Ablegen

Diese Übung wird in einer Gruppe von ungefähr vier Hunden geprüft. Alle Hunde sollen sich in einer Reihe hinlegen. Dabei dürfen sie auch auf einer persönlichen Unterlage liegen. Die Besitzer entfernen sich. Ihr Bully sollte liegen bleiben, darf sich aber auch setzen oder maximal einen Meter von seinem Platz wegbewegen. Jetzt wird ein angeleinter Hund in ungefähr fünf Metern Entfernung an den abgelegten Hunden vorbeigeführt. Ihr Bully darf nicht aufstehen, um mit dem anderen Hund zu spielen oder zu Ihnen zu rennen. Er darf auch nicht jaulen oder winseln, weil er zu Ihnen möchte.

4. Verhalten bei Geräuschen

Ihr Bully läuft frei mit Ihnen auf dem Hundeplatz. In ungefähr 10 Meter Entfernung macht ein Helfer Krach mit einem Hammer und einem Eisenrohr. Ihr Bully muss gelassen bleiben, darf nicht wegrennen oder aggressiv werden.

5. Verhalten gegenüber Menschen

Ihr Bully liegt oder sitzt ohne Leine neben Ihnen. Sie bleiben beide an einem Platz. Aus verschiedenen Richtungen kommen nun mehrere Menschen auf Sie zu, ohne aber bedrohlich zu werden. Sie machen dabei Geräusche, begrüßen Sie oder unterhalten sich. Ihr Bully muss währenddessen neben Ihnen bleiben und sich ganz ruhig verhalten.

6. Verhalten im Straßenverkehr

Zur Prüfung des Verhaltens im Straßenverkehr gehen Sie mit Ihrem Bully an lose hängender Leine auf dem Gehweg einer normal befahrenen Straße. Ein Radfahrer überholt Sie beide in geringem Abstand und klingelt dabei. Ein Fußgänger kommt Ihnen entgegen und spannt in Höhe des Hundes einen Regenschirm auf. Er fragt Sie etwas anhand einer mitgeführten Zeitung.

Auf Anweisung des Prüfungsleiters überqueren Sie mit Ihrem Bully an der Leine die Straße. Vor dem Überqueren muss der Bully deutlich anhalten oder sich setzen. Auf der gegenüberliegenden Straßenseite gehen Sie beide zusammen wieder zurück und überqueren die Straße zum zweiten Mal. Der öffentliche Verkehr darf dabei nicht behindert werden. Den Fußgängern und dem Fahrverkehr gegenüber soll sich der Hund gelassen und ruhig verhalten, er soll Ihnen aufmerksam und willig folgen.

Alles kein Problem?

Hört sich einfach an? Ist doch eigentlich normal? So etwas erwarten wir doch von einem gut erzogenen Hund? Na dann versuchen Sie doch einmal den Teil mit dem Ablegen und sich Entfernen, mal sehen, was Ihr Bully dazu sagt.

Das Kommando „Sitz" und Bleib" funktioniert auch im Rudel.

Spaß beiseite, Sie sehen also, dass eine Begleithundeprüfung keine absonderliche Jagd- oder Arbeitsprüfung ist, sondern das Einmaleins der Hundeerziehung.

Natürlich sollen Sie Ihrem Bully das nicht alles allein beibringen. Außerdem macht es in der Gruppe viel mehr Spaß zu trainieren. Kurse zur Begleithundeprüfung werden von vielen Hundevereinen angeboten, meistens natürlich von den Vereinen, in denen auch Jagdgebrauchshunde geführt werden. Aber es ist sicher überhaupt kein Problem, mit dem Bully bei den Dackeln oder bei den Parson Russell Terriern mitzumachen. Nach der Prüfung erhält man eine Urkunde und Bully und Besitzer sind stolz wie Oskar.

Obedience

Obedience eignet sich für jeden Hund und Besitzer, unabhängig vom Alter und von der Größe, da die Richter bei der Bewertung auf die Besonderheiten des Hundes und der Rasse Rücksicht nehmen. Auch Besitzer, die weniger gut zu Fuß sind, oder auch Rollstuhlfahrer können an Obedience-Wettbewerben teilnehmen. Zu den meisten bekannten Gehorsamsübungen aus der Begleithundeprüfung, wie zum Beispiel „Fuß laufen", „Sitz aus der Bewegung" und „Platz mit Abrufen", kommen beim Obedience noch einige weitere Übungen dazu:

> Apportieren (auch von Metallgegenständen)
> Eigenidentifikation (Geruchsunterscheidung an Gegenständen)
> Positionswechsel auf Distanz (Wechsel zwischen „Sitz", „Platz", „Steh")
> Vorausschicken in eine Box (Quadrat, begrenzt von vier Hütchen)

> Wesensfestigkeit, vor allem gegenüber anderen Hunden
> Ablage (alle Hunde werden gleichzeitig abgelegt)

Fährtenarbeit und Mantrailing

Natürlich gibt es noch eine ganze Reihe von anderen sportlichen Aktivitäten, die Sie mit Ihrem Bully unternehmen können. Einige Bullys sind begabte Fährtensucher, d.h. sie erschnüffeln eine Fährte auf dem Boden. Dabei müssen sie keine Hindernisse überwinden oder sportliche Höchstleistungen vollbringen, sondern die Arbeit beschränkt sich auf den Boden, natürlich im Gelände.

Andere haben Spaß am sog. Mantrailing. Dabei geht es darum, Personen im Gelände aufzuspüren, anhand von deren Eigengeruch. Auch hier muss der Bully wieder mit der Nase arbeiten. Dabei müssen vom Hund ständig Gerüche verglichen werden und auch alte von neuen Gerüchen unterschieden werden. Eine ganz schön knifflige Aufgabe, die sich mit der Fährtenarbeit vergleichen lässt.

Gehorsam wird mit Leckerli belohnt.

Mehr Abwechslung

Gutes Benehmen

Kleine Übungen

Sie machen alle Jogger, Walker, Fahrradfahrer und Spaziergänger zu echten Bully-Fans, wenn Sie Ihren Hund immer für kurze Zeit Fuß laufen lassen, sobald Ihnen jemand entgegenkommt oder Sie überholt. Das ist eine gute Gehorsamsübung, erfordert nur kurz die Aufmerksamkeit Ihres Hundes und freut alle anderen, die draußen unterwegs sind.

Geschicklichkeit

Über Stock und Stein

Auch der tollpatschig aussehende Bully kann über Baumstämme balancieren. Das ist eine tolle Übung im Wald, die für Abwechslung sorgt. Als Motivation kann eine kleine Leckerli-Straße auf dem Baumstamm dienen. Achten Sie jedoch darauf, dass der Baumstamm dick genug ist und es nicht zu Verletzungen beim Herunterfallen kommen kann. Balancieren ist eine hochkoordinative Übung, die das Bewegungsempfinden im Raum schult und das Gehirn trainiert; übrigens auch für den Zweibeiner.

Mit allen Sinnen

Buddeln

Das beherrschen meine Hunde leider perfekt und leben es auch ausgiebig in meinem Garten aus. Ich habe mich inzwischen damit abgefunden, dass mein Garten wie eine Kraterlandschaft aussieht. Aber lassen Sie Ihren Bully seine Buddelleidenschaft doch kontrolliert ausleben: Verstecken Sie ihm im weichen Boden ein Spielzeug oder einen Futterbeutel und lassen ihn danach suchen.

auf Spaziergängen

Gefunden

Futterbeutel verstecken

Man sieht es dem Bully nicht an und viele Menschen trauen es ihm auch gar nicht zu, aber ein Bully ist ganz schön gelenkig und lässt sich einiges einfallen, um an begehrte Objekte zu kommen. Und so ein wahnsinnig interessantes Objekt ist der lecker gefüllte Futterbeutel: Verstecken Sie ihn für Ihren Bully und lassen ihn danach suchen. Wenn er ihn gefunden und zu Ihnen gebracht hat, darf er aus dem Beutel fressen. Eine tolle Abwechslung auf dem Spaziergang!

Wilde Spiele

Toben mit Hundefreunden

Wie Sie auf den Bildern in diesem Buch gesehen haben, sind Bullys keinesfalls schlaffe kurzatmige Couch-Potatos. Alle Bullys spielen leidenschaftlich gern, ob mit anderen Hundekumpels oder mit Kindern. Dabei laufen sie entweder hintereinander her oder apportieren Spielzeuge, Futterbeutel oder Bälle. Einer unserer Rüden ist ein leidenschaftlicher Fußballspieler und würde sich als Torwart in der Bundesliga sehr gut schlagen, denn er lässt wirklich keinen Ball an sich vorbei.

An heißen Tagen

Wasser marsch

Wie alle Hunde können Bullys schwimmen und tun das auch gern. Allerdings muss man bei Welpen unbedingt aufpassen, denn mit ihrem großen Kopf verlieren sie manchmal die Balance im Wasser, gehen unter und ertrinken dann. Unternehmen Sie die ersten Schwimmversuche mit Ihrem Bully also in seichtem Wasser und behalten Sie Ihren Hund dabei vor allem immer im Auge. Gute „Schwimm-Bullys" apportieren liebend gern Frisbees und anderes Spielzeug aus dem Wasser.

Ausstellungen

Ihr Bully ist sowieso der schönste, Sie wissen das ja bereits, aber die anderen sollen es auch sehen? Dann sind Hundeausstellungen genau das Richtige für Sie und Ihren Hund. Bei den Ausstellungen geht es allein um das Exterieur Ihres Hundes (also seine Anatomie und sein Aussehen bezüglich des Rassestandards). Es geht nicht darum, ob Sie besonders hübsch sind, ob Ihr Hund Kunststückchen kann oder besonders lieb schaut. Bewertet wird Ihr Bully von einem ausgebildeten Spezialrichter für die Rasse, der eine lange Ausbildung mit schwierigen Prüfungen durchlaufen muss. Da ich selbst die Ausbildung zum Richter durchlaufe, weiß ich, wie schwierig das ist, vor allem weil außerhalb des Ausstellungsrings immer noch hundert andere selbsternannte „Richter" stehen, die die Entscheidungen im Ausstellungsring kommentieren und ganz anders entschieden hätten.

Voraussetzungen für den Ausstellungsbesuch

Ihr Bully braucht eine Ahnentafel, die von einem Verein ausgestellt wurde, der der FCI angeschlossen ist. In Deutschland gibt es nur einen anerkannten Verein, den IKFB, im Ausland kann das in Holland der Raad van Beheer sein, in Österreich der Österreichische Klub für Französische Bulldoggen usw. Auch ausländische Hunde, die diese Ahnentafeln haben, können in Deutschland ausgestellt werden, solange sie unter dem Dach der FCI gezüchtet wurden. Es gibt internationale, nationale und Spezialausstellungen, auf denen nur eine Rasse oder nur einige wenige Rassen ausgestellt werden. Die großen nationalen und internationalen Ausstellungen, die

vom VDH organisiert werden, finden meistens in großen Messehallen statt. Da kommen locker tausend Hunde verschiedener Rassen zusammen, dementsprechend hektisch, laut und anstrengend geht es dort auch zu. Beginnen Sie anfangs lieber mit einer kleinen Spezialausstellung. Diese Ausstellungen sind familiärer, stressfreier und übersichtlicher. Meistens finden Sie allerdings im Freien statt, sodass man auf die Wetterlage vorbereitet sein sollte.

Termine für diese Ausstellungen finden Sie im Internet auf der Website des IKFB. Die Ausstellungen werden auch in der Vereinszeitung des VDH, dem „Rassehund" angekündigt. Für die Ausstellungen muss man sich meist sehr zeitig im Voraus anmelden, denn es wird ein Katalog erstellt, in dem alle angemeldeten Hunde aufgeführt sind. Außerdem wird eine Meldegebühr fällig.

Melden Sie sich frühzeitig für die Ausstellung an.

Glänzende Pokale sind der Lohn für Sieger und Platzierte.

Alters- und Championklassen

Es wäre natürlich unfair, einen erwachsenen Rüden mit einem fünf Monate alten „Baby" zu vergleichen. Daher gibt es verschiedene Altersklassen und die Hunde werden natürlich auch nach Geschlechtern getrennt gerichtet, d. h. alle Klassen gibt es für Rüden und Hündinnen:

> Babyklasse 3–6 Monate
> Jüngstenklasse 6–9 Monate
> Jugendklasse 9–18 Monate
> Zwischenklasse 15–24 Monate
> Offene Klasse ab 15 Monate
> Championklasse ab 15 Monate (wenn der Hund bereits einen Championtitel erworben hat)
> Veteranenklasse ab 8 Jahre
> Ehrenklasse (nur für Hunde, die Internationaler Champion sind, die Superchampions sozusagen)
> Paarklasse, Zuchtgruppen- und Nachzuchtgruppenwettbewerbe

Zu den letzten genannten Klassen werden jeweils mindestens zwei Hunde benötigt. Die Hunde müssen im Rasse-ring in einer Klasse, z. B. offene Klasse, beurteilt worden sein. Der eigentliche Wettbewerb in diesen Klassen findet dann erst nachmittags im sogenannten Ehrenring statt.

Babyklassen werden nicht auf jeder Ausstellung durchgeführt. In der Babyklasse und der Jüngstenklasse können auch keine Championatsanwartschaften erworben werden. Dies gilt auch für die Ehrenklasse.

In Jugendklassen können Championatsanwartschaften für den Jugendchampion erworben werden. Das ist ein nationaler Titel, d. h. einen internationalen Jugendchampion gibt es nicht.

Ab der Zwischenklasse gilt der Hund als „Erwachsener" und es können Anwartschaften für nationale und internationale Championate erworben werden.

Es gibt verschiedene Championate, bei denen unterschiedliche Bedingungen erfüllt werden müssen.

Auf jeder Ausstellung wird ein BOB (Best Of Breed), also der schönste Bully von allen Anwesenden, gekürt.

An dieser Auswahl nehmen teil: beste Jugendhündin, bester Jugendrüde, beste Hündin (CAC oder CACIB), bester Rüde (CAC oder CACIB), beste Veteranenhündin, bester Veteranenrüde, beste Ehrenklasse Hündin, beste Ehrenklasse Rüde.

Was ist CAC und CACIB?

> CAC = Anwartschaft für den nationalen Schönheitschampion
> CACIB = Anwartschaft für den internationalen Schönheitschampion

Das CAC/CACIB erhält der schönste Rüde, der aus den drei erwachsenen Klassen ausgewählt wird: Zwischenklasse, Championklasse und offene Klasse. Das Gleiche gilt natürlich auch für die Hündinnen.

Im Grunde sind CAC und CACIB das Gleiche, nur der eine Titel = CAC wird auf einer nationalen Ausstellung erworben, auf einer internationalen Ausstellung kann man ein CACIB und ein CAC erwerben.

Strebt man den Titel „Internationaler Champion" für seinen Bully an, muss man vier CACIB-Anwartschaften in drei verschiedenen Ländern unter mindestens drei verschiedenen Richtern gewinnen.

Auch wenn ich mich schon sehr lange mit diesen Championatsanwartschaften beschäftige, finde ich diese Bestimmungen immer noch sehr verwirrend. Seien Sie also nicht frustriert, wenn Sie sich davon völlig erschlagen fühlen.

Was Sie zur Ausstellung mitnehmen

Ihre Französische Bulldogge muss eine gültige Tollwutschutzimpfung haben, denn Sie müssen den Impfpass am Eingang zum Ausstellungsgelände vorlegen, sonst werden Sie nicht hinein gelassen. Denken Sie also daran, den Impfpass Ihres Hundes mitzunehmen. Außerdem ist es sehr empfehlenswert, ein Handtuch, etwas Wasser und eine Wasserschüssel, Leckerli und einen klappbaren Campingstuhl mitzunehmen. Meistens sind keine Sitzgelegenheiten vorhanden und so ein ganzer Tag am Ausstellungsring im Stehen ist anstrengend und kann ganz schön lang werden. Außerdem sollten Sie natürlich eine Decke oder ein Körbchen für Ihre Bulldogge mitnehmen, damit sie sich zwischendurch auch einmal hinlegen kann. Viele Aussteller haben für ihre Utensilien einen kleinen Wagen oder eine kleine Handkarre, auf der sie das alles transportieren.

Hurra! Gewonnen!

Ringtraining

Ihr Hund muss für eine Ausstellung nicht viel können, aber das bisschen, was verlangt wird, sollte auch klappen. Wenn der Richter die Zähne Ihres Hundes nicht beurteilen kann, weil er sich nicht ins Maul schauen lässt, kann es Ihnen passieren, dass er Sie ohne Bewertung aus dem Ring schickt. Denn er kann nur beurteilen, was er auch sehen kann.

Ein bisschen Training ist also empfehlenswert und der Richter ist milder gestimmt, wenn ein Hund ruhig auf dem Tisch steht, sich die Zähne untersuchen lässt und auch flüssig im Ring läuft, ohne an der Leine zu ziehen oder sich dauernd hinzusetzen. Denn ansonsten lässt sich das Gangwerk Ihres Hundes leider überhaupt nicht beurteilen.

Viele Landesgruppen im IKFB bieten Kurse zum Ringtraining an. Es nützt nämlich meistens nicht viel, beim Ringtraining von anderen Hunderassen mitzumachen, denn jede Rasse hat so ihre Eigenheiten. Bei vielen kleinen Hunderassen knien die Aussteller neben dem Hund, stellen ihm die Beine auf und präsentieren ihn im Knien. Das ist bei Bullys hingegen total verpönt, die Hunde werden im Stehen präsentiert. Diese Rassebesonderheiten kennen aber nur erfahrene Aussteller und sind Ausstellern von anderen Rassen unbekannt.

Was lernen Sie und Ihr Bully beim Ringtraining?

Ihr Hund lernt frei auf einem Tisch zu stehen, ohne sich an den Besitzer anzulehnen. Er lernt, die Zähne zu zeigen und sich den Fang öffnen zu lassen. Er lernt sich „square" aufzustellen, d.h. gerade mit allen vier Beinen parallel

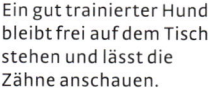

Ein gut trainierter Hund bleibt frei auf dem Tisch stehen und lässt die Zähne anschauen.

zueinander, flüssig ohne Zug an der Leine zu laufen und stehen zu bleiben.

Auch wenn Sie glauben, dass Aussteller im Ring nur herumstehen und gelegenlich ein bisschen herumlaufen, täuschen Sie sich gewaltig. Ausstellen ist wirklich harte Arbeit und ein gut trainierter Hund hat wesentlich bessere Chancen, gut platziert zu werden, als andere. Außerdem muss ich als Aussteller die Fehler meines Hundes genau kennen. Denn im Grunde geht es beim Ausstellen darum, den Richter davon zu überzeugen, dass mein Hund der schönste und außerdem fehlerfrei ist. Wenn mein Hund eine tolle Frontpartie hat und einen schlechten Rutenansatz, stelle ich den Hund natürlich so auf, dass der Blick des Richters immer auf die Frontpartie gelenkt wird und er den schlechten Rutenansatz dann nicht so leicht sehen kann. Viele Aussteller sehen ihren eigenen Hund leider viel zu unkritisch. Natürlich finde ich meine eigenen Hunde am schönsten, aber ich weiß auch genau, welche Fehler sie haben, denn einen perfekten Hund gibt es nicht.

Der Austellungstag

Nachdem Sie die Einlasskontrolle passiert haben, gehen Sie zu Ihrem Ausstellungsring. Dort erhalten Sie Ihre Startnummer, die sie während der Ausstellung sichtbar tragen müssen. Sie klemmen sich die Startnummer mit einer Extra-Klammer an die Brust oder an den Arm, eine Sicherheitsnadel reicht für diesen Zweck aber genauso gut aus. Im Katalog, den Sie auch auf der Ausstellung erhalten, können Sie sehen, welche Hunde noch in Ihrer Klasse gemeldet sind und wie viele überhaupt an diesem Tag ausgestellt werden. Das Richten erfolgt immer in einer bestimmten Reihenfolge, zuerst die Rüden, dann die Hündinnen, die offene Klasse wird immer zuletzt gerichtet. Das heißt, mit einer Hündin in der offenen Klasse sind Sie als Letzter dran. Es kann also sein, Sie haben mehrere Stunden Zeit und können noch einen Kaffee trinken gehen, bis Ihre Klasse an der Reihe ist. Aber Vorsicht, manchmal kommen Aussteller, die gemeldet haben, nicht, der Richter möchte zügig vorwärts kommen und wenn Sie dann vom gemütlichen Kaffeeklatsch zurückkommen, ist Ihre Klasse vorbei. Sie müssen sich selbst darum kümmern, wann Sie dran sind. Die einzelnen Klassen werden zwar vom Sonderleiter (Chef im Ring) zusammengetrommelt, aber keiner läuft über das gesamte Messegelände, um einen Teilnehmer zu suchen.

Wenn Ihre Klasse an der Reihe ist, werden zunächst alle Hunde dieser Klasse in den Ring gerufen. Dort laufen sie hintereinander in einem großen Kreis um den Richter und werden anschließend einzeln im Stand auf dem Tisch und auf dem Boden im Stand und in der Bewegung bewertet. Die besten vier Hunde werden platziert und erhalten meistens auch einen Pokal oder eine Rosette.

In Deutschland bekommen Sie immer einen schriftlichen Richterbericht mit der Bewertung Ihres Hundes und der Formwertnote. Leider werden diese Richterberichte aber erst am Nachmittag ausgegeben, selbst wenn der Richter vielleicht schon morgens um 10.00 Uhr fertig ist, weil wenige Bullys gemeldet waren. Für Aussteller mit einer weiten Anreise ist das ärgerlich, aber sehen Sie es positiv, Sie kommen mit anderen Bully-Besitzern ins Gespräch, lernen Gleichgesinnte kennen und werden von vielen Besuchern auf Ihren schönen Hund angesprochen.

Der Bully im Urlaub

Jeder macht Urlaub, allerdings habe ich das Gefühl, meine Hunde befinden sich ständig im Urlaub und ich gehöre zum Bodenpersonal, aber das ist freiwillig gewähltes Schicksaal, warum beschwere ich mich eigentlich?

Egal wie Sie an Ihren Urlaubsort kommen, klären Sie vorher genau ab, ob Hunde dort erlaubt sind. Denken Sie daran, dass Ihr Hund sich in einer fremden Umgebung vielleicht anders benehmen wird, als zu Hause und vielleicht an einem Strandurlaub im Sommer nicht halb so viel Spaß hat wie Sie.

Informieren Sie sich rechtzeitig über die Hundefreundlichkeit im Urlaubsland und über Einreisebestimmungen an den Grenzen, sonst kommt das böse Erwachen an der Grenze, wenn Sie kontrolliert werden und gar nicht einreisen dürfen. In den meisten europäischen Ländern genügt eine gültige Tollwutschutzimpfung, die im europäischen Heimtierpass eingetragen ist. Dieser Pass ist ein blauer Impfpass, der außerdem noch Seiten enthält, auf denen Entwurmungen, Gesundheits-Checks und andere Untersuchungen dokumentiert werden können. Er hat den herkömmlichen gelben Impfpass eigentlich fast vollständig ersetzt. Außerdem ist für alle Hunde die Kennzeichnung mit einem Mikrochip vorgeschrieben, eine Tätowierung ist nicht mehr ausreichend. Bullys mit FCI-Ahnentafeln haben aber sowieso alle einen Mikrochip.

Nach dem Bad im Meer trocknet der Bully in der Sonne.

In einer Transportbox reisen Hunde sicher im Auto.

Wenn der Bully zu Hause bleiben soll

Ein einzelner Bully lässt sich für eine begrenzte Zeit meistens gut unterbringen. Das müssen ja nicht unbedingt die Verwandten sein, es gibt viele professionelle Tiersitter, die man über Internet-Seiten finden kann, die aber meistens auch über persönliche Kontakte vermittelt werden. Die besten findet man über Mundpropaganda, aber häufig hat der charmante Bully-Clown in der Bekanntschaft sowieso viele Verehrer, die gern einmal für zwei Wochen als Bully-Sitter einspringen möchten.

Das Angebot an Hundehotels ist außerdem auch groß. Allerdings sollte man sich diese Hundehotels vorher genau anschauen. Viele dieser Hundepensionen bestehen auch auf einem Probewochenende, was ich sehr sinnvoll finde. Denn wenn ein Hund ein Wochenende heult und vor Trennungsschmerz zerfließt, ist das immer noch besser, als wenn er zwei Wochen leiden muss. Die meisten Bullys sind aber aufgrund ihrer guten Anpassungsfähigkeit sehr gut in der Lage, zwei Wochen Hundehotel zu genießen, und freuen sich hinterher umso mehr, wenn die Zweibeiner dann wieder zurückkommen. Bei besonders guten Hundehotels kann es Ihnen allerdings auch passieren, dass Ihr Einzelhund nach einer kurzen Begrüßung auf dem Absatz kehrt macht, um mit seinen Hundekumpels spielen zu gehen, mit denen er die letzten zwei Wochen verbracht hat. Viele Hundehotels stellen Hundegruppen zusammen, die sich während ihres Aufenthaltes zusammen bewegen können. Allerdings werden unkastrierte Rüden und läufige Hündinnen meistens nicht genommen, auch das sollte man unbedingt vorher abklären. Gute Hundepensionen sind vor allem in den Ferienzeiten sehr frühzeitig ausgebucht.

Mit dem Bully auf Reisen

Mit dem Auto

Egal wie Sie an Ihren Urlaubsort kommen, machen Sie sich frühzeitig Gedanken über den Transport. Fahren Sie mit dem eigenen Auto, denken Sie in der warmen Jahreszeit bitte daran, für Kühlung zu sorgen. Die meisten Autos haben Klimaanlagen, aber es dauert

Schneepflug: Bullys
lieben Schnee.

immer ein bisschen, bis ein heißes Auto heruntergekühlt ist, und in dieser Zeit hat Ihr Bully vielleicht schon sehr unter der Hitze gelitten. Es gibt spezielle Kühldecken oder -westen für Hunde. Ein einfaches T-Shirt reicht aber auch aus. Alle arbeiten nach dem gleichen Prinzip: Sie werden nass gemacht und durch die Verdunstungskälte wird der Körper gekühlt.

Mit der Bahn

Die Deutsche Bahn schreibt für kleine Hunde einen Transportbehälter vor, allerdings nur bis zur Größe einer Hauskatze. Es ist Auslegungssache, ob ein Bully so groß ist wie eine Hauskatze. Ich habe beispielsweise Katzen in meiner Praxis, die 11 kg wiegen und so groß sind wie ein leichter Bully. Tiere im Transportbehälter müssen keine Fahrkarte lösen, alle anderen, die nicht in einem Tranportbehälter mitgenommen werden, müssen den halben Fahr-

preis zahlen und haben keinen Anspruch auf einen Sitzplatz. Außerdem ist für sie auch ein Maulkorb vorgeschrieben.

Mit dem Flugzeug

Der Transport im Flugzeug ist ein Problem und sollte – wenn immer möglich – vermieden werden. Die meisten Fluggesellschaften transportieren Bullys nicht in der Passagierkabine, weil sie zu schwer sind. Der Transport eines kurznasigen Hundes, vor allem im Sommer, kann außerdem zu einem Desaster führen. Der Gepäckraum eines Flugzeuges ist nicht klimatisiert. Im Sommer gleicht er einer Sauna und im Winter ist es dort eiskalt. Amerikanische Fluggesellschaften transportieren keine kurznasigen Hunde im Sommer, weil es immer wieder zu Todesfällen kommt. Wenn es sich also wirklich nicht vermeiden lässt, transportieren Sie Ihren Bully nur bei moderaten

Außentemperaturen im Flugzeug. Es kommt natürlich auch immer auf den Status des Reisenden an. Ich kenne prominente Bully-Besitzer mit Vielfliegerstatus, die ihre Bullys immer im Flugzeug bei sich in der Kabine mitnehmen, sie fliegen allerdings dann 1. Klasse und zahlen ein bisschen mehr als in der Economy-Klasse.

Im Urlaub

Egal ob Sie eine Ferienwohnung, ein Hotelzimmer oder eine Hütte am Strand gemietet haben, planen Sie genug Zeit für Ihren Hund ein. Denken Sie daran, dass Stadtbesichtigungen im Hochsommer für Ihren Bully eine echte Qual sind und er sich dann schnell auf seinen dicken Po setzen und streiken wird. Vor allem bei Strandurlauben ist eine Kühldecke sinnvoll, denn

auch im Schatten ist es im Sommer für Bullys ganz schön heiß. Am besten wäre es natürlich, auf den Strandurlaub mit dem Bully ganz zu verzichten.

Lange Spaziergänge sowie kurze Wanderungen im Frühjahr, Herbst und Winter macht der Bully dafür gern mit Ihnen gemeinsam. Im Winterurlaub werden Bullys zu kleinen Rennmaschinen und nur bei wirklich knackig kalten Temperaturen sollten Sie an einen Wintermantel für Ihren Hund denken.

Wichtig! Auch wenn Ihr Hund es gewohnt ist, zu Hause allein zu bleiben, kann es aber durchaus sein, dass er das im Urlaub in einer fremden Umgebung ganz anders sieht. Gewöhnen Sie ihn also langsam an die neue Umgebung und lassen Sie ihn nicht sofort am Urlaubsdomizil zu lang allein.

Im mitgebrachten Körbchen findet der Bully im Hotelzimmer ein gemütliches Plätzchen.

Zum Weiterlesen

Beschäftigung
Bruns, Sandra und Anett Seidensticker:
Gassi-Training. Erziehung und Spiele für
unterwegs. 2015

Kitchenham, Kate: **Spielekiste für Hunde.**
5 Spielzeuge – 50 Spielideen. 2015

Klüglich-Hinrichs, Alina und Sibylle Ströble:
Hundesachen einfach selber machen.
2015

Erziehung
Führmann, Petra und Nicole Hoefs: **Das
Kosmos Erziehungsprogramm für
Hunde.** Mit Trainingsplan für jede
Übung. 2016

Gesundheit
Bucksch, Martin: **Kosmos Praxishandbuch
Hundekrankheiten.** Vorsorge und Erste
Hilfe, Krankheiten erkennen und behan-
deln. 2013

Forschung
Fischer, Martin, S. und Karin E. Lilje:
Hunde in Bewegung. 2011

Kitchenham, Kate: **Wissen Hunde, dass sie
Hunde sind?** Wie Hunde denken und
fühlen. 2014

Verhalten
Bloch, Günther und Elli Radinger: **Wölfisch
für Hundehalter.** Von Alpha, Dominanz
und anderen populären Irrtümern. 2010

Esser, Johanna: **Körpersprache – von
Mensch und Hund**. 2016

Handelman, Barbara: **Hundeverhalten.**
Mimik, Körpersprache und Verständi-
gung. Mit über 800 ausdrucksstarken
Fotos. 2010

Schöning, Barbara: **Hundeverhalten.**
Verhalten verstehen, Körpersprache
deuten. 2008

Welpen
Führmann, Petra, Iris Franzke und Nicole
Hoefs: **Die Kosmos Welpenschule.** Buch
und DVD. 2012

Theby, Viviane:
Das Kosmos Welpenbuch. Entwicklung
und Auswahl Eingewöhnung, Sozialisierung und Erziehung. Für einen guten
Start ins Hundeleben. 2016

Nützliche Adressen

Verband für das Deutsche Hundewesen
e. V. (VDH)
Westfalendamm 174
44141 Dortmund
Tel. +49 (0)231-56500-0
info@vdh.de
www.vdh.de

Österreichischer Kynologenverband (ÖKV)
Siegfried-Marcus-Str. 7
A - 2362 Biedermannsdorf
Tel.: +43(0)22 36-71 06 67
office@oekv.at
www.oekv.at

Schweizerische Kynologische Gesellschaft
(SKG)
Geschäftsstelle
Brunnmattstr. 24
CH-3007 Bern
Tel.: +41-31-306 62 62
www.skg.ch

Internationaler Klub für Französische
Bulldoggen e.V. (IKFB)
Geschäftsstelle:
Susanne Muhs
Schlossstraße 19
67483 Edesheim
Tel: +49 (0) 63 23-913 92 53
geschaeftsstelle@ikfb.de
www.ikfb.de

Österreichischer Club für
Französische Bulldoggen
Geschäftsstelle:
Alexandra Zapula
Schlöglgasse 64
A-1120 Wien
Tel: +43(0)699-101 097 11
office@frenchbullies.at
www.franzoesischer-bulldoggenclub.at

Schweizerischer Klub für Französische
Bulldoggen SKFB
Präsident: Herbert Staub
Sekretariat
Tel. +41(0)79 797 70 00
sekretariat@suisse-bully.ch
www.suisse-bully.ch

Tiernotruf
TASSO e.V.
Otto-Volger-Str. 15
65843 Sulzbach/Ts.
GERMANY
Tel.: +49(0)6190-93 73 00
www.tasso.net

Bully-Zubehör
Helena Pintar
http://bullmania1.e-monsite.com/

Bei Helena Pintar können Sie Läufigkeitshöschen, Bully-Mode und Accessoires
bestellen. Bestellen können Sie (auch auf
Deutsch) unter der folgenden Mailadresse:
bullmania1@gmail.com

Register

Bildnachweis

142 Farbfotos wurden von Michael Pramberger für dieses Buch aufgenommen.
Weitere Farbfotos von Danny de Waard (14: S. 4, 14, 25, 32, 33, 34li, 34re, 35li, 48li, 49li, 89, 128)
und Verena Scholze/Kosmos (2: S. 51, 60).
Farbzeichnung von Christiane Glanz (1: S. 79).
Schema S. 24 mit freundlicher Genehmigung des VDH.

Impressum

Umschlaggestaltung von eStudio Calamar unter Verwendung
von vier Farbfotos von Michael Pramberger.

Mit 158 Farbfotos und einer Farbzeichnung

Alle Angaben in diesem Buch erfolgen nach bestem Wissen und Gewissen. Sorgfalt
bei der Umsetzung ist indes dennoch geboten. Autorin und Verlag übernehmen
keinerlei Haftung für Personen-, Sach- und Vermögensschäden, die aus der Anwen-
dung der vorgestellten Materialien und Methoden entstehen können.

Unser gesamtes lieferbares Programm und viele
weitere Informationen zu unseren Büchern,
Spielen, Experimentierkästen, DVDs, Autoren und
Aktivitäten finden Sie unter **kosmos.de**

Gedruckt auf chlorfrei gebleichtem Papier

© 2012, Franckh-Kosmos Verlags-GmbH & Co. KG, Stuttgart.
Alle Rechte vorbehalten
ISBN 978-3-440-13265-4
Redaktion: Ute-Kristin Schmalfuß
Gestaltungskonzept: eStudio Calamar
Gestaltung und Satz: akuSatz, Stuttgart
Produktion: Eva Schmidt
Printed in Germany / Imprimé en Allemagne

Der KOSMOS-Verlag ist Mitglied
in der Gesellschaft zur Förderung
Kynologischer Forschung e.V.
www.gkf-bonn.de

Ein gutes Verhältnis
——— zu Ihrem Hund

112 Seiten, ca. €(D) 14,99

BARF bedeutet, den Hund artgerecht und natürlich zu ernähren: „biologisch artgerechtes rohes Futter". Je nach Größe, Alter und Lebenslage variiert, ist diese Fütterung für alle Hunde geeignet. Die Tierärztin und erfahrene BARF-Ernährungsberaterin Dr. med. vet. Danja Klüver erklärt, wie es geht: Sie stellt geeignete Futtermittel wie Fleisch, Knochen, Obst, Gemüse und Kräuter vor, zeigt die Berechnung von Futterrationen, liefert Futterpläne und Rezepte und gibt Tipps zur praktischen Fütterung.

Hunde beobachten ihre Halter genau und können an kleinen Nuancen der Körpersprache erkennen, was als Nächstes passiert oder wie ihr Mensch momentan gelaunt ist. Die „Kommunikation ohne Worte" spielt auch in der Erziehung eine große Rolle. Hundehalter verstehen ihre Hunde nur, wenn sie deren Verhalten richtig deuten. Andererseits kann die eigene Körpersprache gezielt in der Erziehung einsetzt werden. Wie das geht, zeigt das Buch. Ein Ratgeber für jeden Hundehalter und der Schlüssel zur Kommunikation mit dem Hund.

112 Seiten, ca. €(D) 14,99

FCI - Standard Nr. 101   / 06. 04. 1998 / D
Übersetzung: Michèle Schneider

Ursprung: Frankreich

**Datum der Publikation des gültigen
Original-Standards:** 28.04. 1995

Verwendung:
Gesellschafts-, Wach- und Begleithund

Klassifikation FCI:
Gruppe 9
Gesellschafts- und Begleithunde

Sektion 1.1:
Kleine Doggenartige Hunde
Ohne Arbeitsprüfung